ÉLÉMENTS
D'ARITHMÉTIQUE

RÉDIGÉS
CONFORMÉMENT AUX PROGRAMMES DE L'ENSEIGNEMENT
SCIENTIFIQUE DES LYCÉES

PAR
CHARLES LOMBARD,
Ancien élève de l'Ecole Polytechnique, agrégé de l'Université.

LA ROCHELLE
DÉPOSÉ CHEZ FELHOEN, LIBRAIRE, RUE SAINT-YON.

1864

ÉLÉMENTS

D'ARITHMÉTIQUE

SOUS PRESSE :

Éléments d'Algèbre

(première et deuxième partie),

Par Ch. Lombard.

La Rochelle, imprimerie Drouineau, rue Grosse-Horloge, 6.

ÉLÉMENTS

D'ARITHMÉTIQUE

RÉDIGÉS

CONFORMÉMENT AUX PROGRAMMES DE L'ENSEIGNEMENT
SCIENTIFIQUE DES LYCÉES

PAR

CHARLES LOMBARD,

Ancien élève de l'Ecole Polytechnique, agrégé de l'Université.

LA ROCHELLE

DÉPOSÉ CHEZ FELHOEN, LIBRAIRE, RUE SAINT-YON.

—

1864

Tout exemplaire non signé par l'auteur, sera réputé contrefait.

Lambard

TRAITÉ D'ARITHMÉTIQUE.

CHAPITRE Ier

DES QUATRE OPÉRATIONS SUR LES NOMBRES ENTIERS

1. — Unité.

Ce mot s'emploie pour désigner un objet quelconque, abstraction faite de sa nature.

2. — Nombre.

Assemblage de plusieurs unités. — Le premier nombre est l'*unité;* les autres nombres se forment en ajoutant d'abord l'unité à elle-même, puis successivement en ajoutant l'unité aux nombres ainsi formés. Il en résulte que la suite des nombres est illimitée.

3. — But de la numération.

Le but de la numération est d'énoncer et d'écrire les nombres ; de là, deux parties dans la numération : la *numération parlée* et la *numération écrite.*

4. — Numération parlée.

On a donné aux premiers nombres les noms :

Un, Deux, Trois, Quatre, Cinq, Six, Sept, Huit, Neuf.

Le nombre qui suit neuf a été appelé *dix, dizaine* ou *unité du second ordre.* — On compte par dizaines comme par unités simples, depuis une dizaine jusqu'à neuf dizaines, et l'on donne à ces nombres de dizaines les noms :

Dix, Vingt, Trente, Quarante, Cinquante, Soixante, Soixante et Dix, Quatre-Vingts, Quatre-Vingt-Dix.

Entre deux nombres de dizaines il y a neuf nombres intermédiaires, et on obtient leurs noms en faisant suivre les noms des dizaines par les noms des neuf premiers nombres.

Exemple. — Trente et un, trente-deux, etc., jusqu'à trente-neuf. Il y a une exception à cette règle pour les nombres compris entre dix et dix-sept ; ces nombres s'énoncent :

Onze, Douze, Treize, Quatorze, Quinze, Seize.

La même exception se retrouve pour les nombres compris entre *soixante et dix* et *soixante et dix-sept* et entre *quatre-vingt-dix* et *quatre-vingt-dix-sept.*

Nous savons donc compter ainsi jusqu'à quatre-vingt-dix-neuf. Le nombre suivant s'appelle *cent, centaine* ou *unité du troisième ordre;* on compte par centaines, comme par dizaines et par unités, depuis une centaine jusqu'à neuf centaines, et l'on donne à ces nombres de centaines les noms :

Cent, Deux cents, etc., jusqu'à *Neuf cents.*

On obtient les noms des quatre-vingt-dix-neuf nombres intermédiaires en faisant suivre les noms des centaines par les noms des quatre-vingt-dix-neuf premiers nombres. — On arrive ainsi à *neuf cent quatre-vingt-dix-neuf.* — Le nombre suivant s'appelle *mille* ou *unité de seconde classe.* (Les neuf cent quatre-vingt-dix-neuf premiers nombres forment la première classe ou la classe des unités simples.) On compte les unités de cette seconde classe, comme celles de la première, depuis *un mille* jusqu'à *neuf cent quatre-vingt-dix-neuf mille,* et on obtient les noms des nombres intermédiaires en faisant suivre les noms des mille par les noms des neuf cent quatre-vingt-dix-neuf premiers nombres. On arrive ainsi à *neuf cent quatre-vingt-dix-neuf mille neuf cent quatre-vingt-dix-neuf.*

Le nombre suivant s'appelle *million* ou *unité de troisième classe.* — Les unités de cette classe se comptent comme celles des classes précédentes. — Les noms des nombres intermédiaires s'obtiennent de la même manière et on continue ainsi en donnant aux classes suivantes les noms *billion* ou *milliard*, *trillion, quatrillion, quintillion*, etc.

5. — Ordres et Classes.

Les unités des différents ordres sont :

Premier ordre.	*Unité simple.*
Deuxième ordre.	*Dizaine.*
Troisième ordre.	*Centaine.*
Quatrième ordre.	*Mille.*
Cinquième ordre.	*Dizaine de mille,* etc.

Il faut dix unités d'un ordre pour en faire une de l'ordre supérieur.

Les unités des différentes classes sont :

Première classe	*Unité simple.*
Deuxième classe	*Mille.*
Troisième classe.	*Million,* etc.

Il faut mille unités d'une classe pour en faire une de la classe supérieure.

6. — Numération écrite. — Convention.

On représente les neuf premiers nombres par les chiffres :

1, 2, 3, 4, 5, 6, 7, 8, 9.

Ces neuf caractères suffisent, avec un dixième dont nous parlerons tout à l'heure, pour écrire tous les nombres.

Pour cela, on est convenu qu'un chiffre placé à la gauche d'un autre représenterait des *unités de l'ordre supérieur* et que le premier chiffre à droite représenterait des *unités simples*. — D'après cela, le second chiffre représentera des *dizaines*, le troisième, des *centaines* et ainsi de suite.

Or, si on remarque que, dans un nombre quelconque, il ne peut y avoir plus de neuf unités simples, ou plus de neuf dizaines, ou plus de neuf centaines, ou en général plus de neuf unités d'un ordre quelconque, on en concluera qu'au moyen de ces neuf chiffres, on pourra indiquer combien, dans le nombre que l'on veut écrire, il entre d'unités simples, combien de dizaines, combien d'unités d'un ordre quelconque ; d'un autre côté, les conventions énoncées plus haut indiquent quelles places il faut donner à ces chiffres pour qu'ils expriment des unités, des dizaines, des centaines, etc. — Il résulte de là qu'avec ces neuf chiffres on pourrait écrire tous les nombres, excepté dans un cas, c'est celui où le nombre que l'on veut écrire ne renfermerait pas tous les différents ordres d'unités inférieures à ses plus hautes. — De là, la nécessité d'un dixième chiffre 0, appelé *zéro*, qui n'a point de valeur par lui-même, mais qui sert à tenir la place des ordres qui manquent, afin de conserver aux autres chiffres leur rang et leur valeur.

7. — Base d'un système.

On appelle base d'un système de numération le nombre d'unités d'un ordre nécessaire pour en faire une de l'ordre supérieur, ou, ce qui revient au même, le nombre de chiffres différents nécessaire pour écrire tous les nombres dans ce système. — *Dix* est la base de notre système de numération.

8. — Énoncer un nombre écrit.

On le partage en tranches de trois chiffres à partir de la droite, puis en commençant par la gauche on énonce successivement chaque tranche comme si elle était seule, en la faisant suivre du nom de la classe qu'elle représente.

9. — Ecrire un nombre énoncé.

On écrit chacune des classes à mesure qu'on les énonce en ayant soin de remplacer, par des *zéros*, les ordres ou les classes qui pourraient manquer.

ADDITION.

10. — But de l'Addition.

Le but de l'*addition* est de réunir plusieurs nombres en un seul. Le résultat s'appelle *somme* ou *total*.

11. — Signe de l'Addition.

On indique l'addition de deux nombres en plaçant entre ces nombres le signe + qui s'énonce PLUS.

12. — 1er cas : Ajouter un nombre d'un seul chiffre à un nombre quelconque.

Pour faire l'addition dans ce cas, on reporte une à une sur le plus grand nombre toutes les unités qui composent le plus petit. Ainsi, pour ajouter 6 à 37, on dira :

37 + 1 égale 38 ; 38 + 1 égale 39 et ainsi de suite, 42 + 1 égale 43.

Il est indispensable d'acquérir assez d'habitude pour faire de suite cette opération et dire immédiatement 37 + 6 égale 43 ou 37 + 6 = 43. (Le signe = s'énonce ÉGALE).

13. — 2me cas : Ajouter plusieurs nombres quelconques.

Nous regarderons comme évident que pour faire la somme de plusieurs nombres, on peut les considérer comme décomposés en *unités, dizaines, centaines,* etc. ; réunir séparément les unités de ces différents ordres pour faire ensuite un tout de ces sommes partielles.

Pour opérer plus commodément, on dispose le calcul comme l'indique la règle suivante :

14. — Règle générale.

On écrit les nombres à ajouter les uns au-dessus des autres, de manière que les unités de même ordre se correspondent dans une même ligne verticale ; puis, en commençant par la droite, on ajoute d'après la règle du 1er cas, tous les chiffres de la 1re colonne ; si le résultat ne dépasse pas 9, on l'écrit audessous, s'il dépasse 9, on n'écrit que les unités simples et on reporte les dizaines à la colonne suivante. On opérera de même sur les colonnes suivantes, jusqu'à la dernière colonne audessous de laquelle on écrit le résultat tel qu'il se trouve :

EXEMPLE.

```
 58427
  8642
 78946
809763
   549
------
956327
```

15. — Preuve de l'Addition.

Elle se fait en recommençant l'opération en ordre inverse ; c'est-à-dire, en opérant de bas en haut si on a primitivement opéré de haut en bas, ou réciproquement.

SOUSTRACTION.

---

16. — But de la Soustraction.

Le but de cette opération est de chercher de combien un nombre en surpasse un autre. — Le résultat s'appelle *reste, excès* ou *différence*.

17. — Signe de la Soustraction.

La soustraction de deux nombres s'indique en les séparant par le signe — qui s'énonce MOINS.

18. — 1er cas : Soustraire un nombre d'un seul chiffre d'un nombre quelconque.

On retranche successivement du plus grand nombre toutes les unités qui composent le plus petit ; par exemple, pour retrancher 3 de 41 on dira :

$$41 - 1 = 40$$
$$40 - 1 = 39$$
$$39 - 1 = 38$$

Il est indispensable d'acquérir assez d'habitude pour écrire immédiatement le reste d'une pareille soustraction.

19. — 2me cas : Soustraire un nombre quelconque d'un autre nombre quelconque.

Nous regarderons comme évident que pour obtenir la différence entre deux nombres, on peut les considérer comme décomposés en unités, dizaines, centaines, etc.; soustraire séparément les unités des unités, les dizaines des dizaines, et ainsi de suite, puis réunir en un seul nombre toutes ces différences partielles.

En outre, nous regarderons aussi comme évident que la différence entre deux nombres n'est pas changée si on les augmente tous deux d'une même quantité.

Pour opérer plus commodément, on place le plus petit nombre sous le plus grand, de manière que les unités de même ordre se correspondent; puis, en commençant par la droite, on retranche successivement chaque chiffre inférieur du chiffre supérieur correspondant et on écrit le reste au-dessous.

Mais il peut arriver qu'un chiffre inférieur surpasse le chiffre supérieur qui lui correspond, auquel cas, on rend leur soustraction possible en augmentant de 10 le chiffre supérieur et en ayant soin d'augmenter de 1 le chiffre inférieur suivant. Par cette modification les deux nombres sur lesquels on opère se trouvent augmentés d'une même quantité, ce qui ne change pas leur différence, d'après le second des axiomes énoncés plus haut. De là, la règle suivante :

20. — Règle générale.

On écrit le plus petit nombre sous le plus grand, de manière que les unités de même ordre se correspondent, puis en commençant par la droite, on retranche chaque chiffre inférieur du chiffre supérieur correspondant. Si la soustraction est possible, on écrit le reste au-dessous; sinon, on la rend possible, en augmentant de 10 le chiffre supérieur et de 1 le chiffre inférieur suivant; on continue de la même manière, jusqu'à la dernière colonne.

Exemple.

```
52837
 6342
-----
46495
```

21. — Preuve de la Soustraction.

Elle se fait en ajoutant le plus petit nombre au reste; on doit retrouver le plus grand.

MULTIPLICATION.

22. — But de la Multiplication.

Multiplier un nombre par un autre, c'est faire la somme d'autant de nombres égaux au premier qu'il y a d'unités dans le second.

Le premier de ces nombres s'appelle *multiplicande*, le second *multiplicateur;* le résultat de l'opération s'appelle *produit.*

Le multiplicande et le multiplicateur s'appellent collectivement les *facteurs du produit.*

23. — Signe de la Multiplication.

Cette opération s'indique en plaçant entre les deux facteurs le signe × qui s'énonce *multiplié par.*

Exemple : 5 × 8 s'énonce 5 multiplié par 8.

24— 1er Cas : Multiplication de deux nombres d'un seul chiffre.

Pour faire cette opération on se sert de la table de Pythagore que l'on construit de la manière suivante :

1	2	3	4	5	6	7	8	9
2	4	6	8	10	12	14	16	18
3	6	9	12	15	18	21	24	27
4	8	12	16	20	24	28	32	36
5	10	15	20	25	30	35	40	45
6	12	18	24	30	36	42	48	54
7	14	21	28	35	42	49	56	63
8	16	24	32	40	48	56	64	72
9	18	27	36	45	54	63	72	81

Sur une même ligne horizontale, on écrit les neuf premiers nombres ; on forme une deuxième ligne en ajoutant ces nombres à eux-mêmes. A partir de là, on forme une ligne horizontale quelconque en ajoutant les nombres qui composent la ligne précédente avec les chiffres correspondants de la première ligne; on forme ainsi le tableau ci-dessus.

Pour se servir de cette table, on cherche l'un des facteurs dans la première ligne horizontale, on descend verticalement au-dessous de ce facteur jusqu'à la ligne horizontale en tête de laquelle se trouve l'autre facteur: la case d'intersection renferme le produit. On trouve ainsi, par exemple, que $7 \times 6 = 42$.

25. — 2me cas : Multiplication d'un nombre quelconque par un nombre d'un seul chiffre.

Si on veut, par exemple, multiplier 6247 par 4, cela revient, d'après la définition de la multiplication, à faire la somme de 4 nombres égaux à 6247 ; en disposant cette opération on aura:

$$\begin{array}{r} 6247 \\ 6247 \\ 6247 \\ 6247 \\ \hline 24988 \end{array}$$

Mais remarquons que les colonnes successives de ce tableau renferment: la 1re, 4 fois le chiffre 7; la 2me, 4 fois le chiffre 4, etc.; c'est-à-dire les produits par 4 des différents chiffres du multiplicande, produits qui se trouvent tous dans la table de Pythagore. Il en résulte qu'au lieu de dire, comme dans l'Addition, 7 et 7 font 14 et 7 font 21 et 7 font 28, on peut dire de suite : 4 fois 7 font 28, poser 8 comme on le ferait dans l'Addition et reporter 2 à la colonne suivante; de même pour les autres colonnes. De là, la règle suivante.

Règle : Pour multiplier un nombre quelconque par un nombre d'un seul chiffre, on multiplie successivement et en commençant par la droite chaque chiffre du multiplicande par le multiplicateur ; si le produit ne dépasse pas 9 on l'écrit au-dessous, s'il dépasse 9, on n'écrit que les unités et on reporte les dizaines au produit suivant :

Exemple.

$$\begin{array}{r} 6247 \\ 4 \\ \hline 24988 \end{array}$$

26. – 3me cas : Multiplication d'un nombre quelconque par l'unité suivie de zéros ou par un nombre d'un seul chiffre suivi de zéros.

1° Pour multiplier un nombre quelconque par 10, 100, 1000, etc., ou en général par l'unité suivie de zéros, il suffit d'écrire à la droite du multiplicande autant de zéros qu'il y en a au multiplicateur. Pour le prouver supposons, par exemple, que l'on ait à multiplier 648 par 100 : c'est faire la somme de 100 nombres égaux à 648.— Or, si nous écrivons 648 unités sur une ligne horizontale et que nous formions un tableau contenant 100 lignes pareilles, le nombre des unités renfermées dans ce tableau sera bien égal à 648 × 100. — Or, si on ajoute ces unités par lignes verticales, on trouverait 648 de ces lignes, chacune d'elles contenant 100 unités ou exprimant une centaine : le produit cherché est donc égal à 648 centaines ou 64800.

2° Supposons, en second lieu, que l'on ait à multiplier 648 par 300 ; c'est faire la somme de 300 nombres égaux à 648. Mais ces 300 nombres peuvent être groupés 3 par 3 et on aura ainsi 100 groupes, dont chacun vaudra 3 fois 648 ou 1944, et pour avoir la valeur des 100 groupes, il suffira de multiplier 1944 par 100, ce qui, d'après le cas précédent, donnera 194400.

De là, on conclue que pour multiplier un nombre quelconque par un nombre d'un seul chiffre suivi de zéros, il faut le multiplier, par ce chiffre puis écrire à la droite du produit autant de zéros qu'il y en a au multiplicateur.

27. -- 4me cas : Multiplication de deux nombres quelconques.

Soit à multiplier 648 par 327 ; c'est faire la somme de 327 nombres égaux à 648. — Pour cela on peut d'abord répéter 648, 300 fois, puis 20 fois, puis 7 fois ; en d'autres termes, on peut le multiplier successivement par 300, par 20 et par 7, puis ajouter ces trois produits. D'après le 2me et le 3me cas on sait faire chacun de ces produits, et pour plus de simplicité, on les dispose, à mesure qu'on les forme, les uns sous les autres pour l'addition. — On remarquera que le produit partiel par 20 doit être suivi d'un zéro, le produit par 300 doit être suivi de deux zéros et que ces zéros disparaissant dans l'addition on peut se dispenser de les écrire, en ayant soin de reculer d'un rang vers la gauche le premier chiffre du produit par les dizaines, de deux rangs celui du produit par les centaines, etc. De là, la règle suivante :

28. -- Règle générale.

On place le multiplicateur sous le multiplicande, puis, en

commençant par la droite, on multiplie successivement le multiplicande par chacun des chiffres du multiplicateur, en ayant soin de placer le premier chiffre de chaque produit partiel sous le chiffre du multiplicateur qui l'a fourni ; on fait ensuite la somme de ces produits partiels.

Exemple.

```
   648
   327
  ----
  4536
 1296
1944
------
211896
```

29. — Cas particulier: Multiplication de deux nombres suivis de zéros.

Soit, par exemple, à multiplier 6400 par 370, c'est faire la somme de 370 nombres égaux à 6400. Ces 370 nombres peuvent être groupés 10 par 10 et la valeur d'un de ces groupes sera (n° 26) 64000. Nous aurons 37 groupes pareils; le produit cherché sera donc 64000×37. Or, si nous disposons pour l'addition 37 nombres égaux à 64000, on reconnaîtra immédiatement qu'on obtiendra leur somme en écrivant trois zéros à la droite du produit de 64 par 37. De là cette règle.

Règle : Pour multiplier l'un par l'autre deux nombres suivis de zéros, on multiplie en faisant abstraction des zéros et on écrit à la droite du produit autant de zéros qu'il y en a dans les deux facteurs.

30. — Produit de plusieurs facteurs, Puissance, Carré, Cube, Exposant.

Une expression telle que $3 \times 5 \times 8 \times 7$ indique que 3 doit être multiplié par 5, leur produit par 8 et le nouveau produit par 7.

On appelle *puissance* d'un nombre le produit de plusieurs facteurs égaux à ce nombre; le degré de la puissance est le nombre de fois qu'il est pris comme facteur. Ainsi, la 3me puissance de 7 est $7 \times 7 \times 7 = 343$. La 5me puissance de 2 est $2 \times 2 \times 2 \times 2 \times 2 = 32$.

La 2me puissance d'un nombre s'appelle aussi le *carré* de ce nombre, et la 3me puissance s'appelle aussi le *cube*.

L'*exposant* est un chiffre que l'on place à droite et au-dessus d'un nombre pour indiquer à quelle puissance on veut l'élever. Ainsi, la 5me puissance de 2 s'indiquera $2^5=32$.
Le cube de 7 s'indique $7=343$.

31. — Un produit de plusieurs facteurs ne change pas quand on en intervertit l'ordre.

Ce que l'on veut prouver, c'est qu'une expression de la forme $7\times5\times3\times9\times13$ ne change pas de valeur quand on change l'ordre des facteurs et qu'elle est égale, par exemple, à l'expression $5\times13\times7\times9\times3$.

Pour arriver à la démonstration de cette proposition générale nous considérons quatre cas :

1° Un produit de deux facteurs ne change pas quand on les intervertit.

Démontrons, par exemple, que $3\times7=7\times3$; pour cela, formons le tableau suivant, composé de 7 lignes horizontales, renfermant chacune trois unités :

1	1	1	3
1	1	1	3
1	1	1	3
1	1	1	3
1	1	1	3
1	1	1	3
1	1	1	3
7	7	7	

Le nombre d'unités renfermées dans ce tableau sera évidemment le même, dans quelque ordre qu'on les ajoute. — Si on ajoute par lignes horizontales, on trouve 7 nombres égaux à 3 ou 3×7, et si on ajoute par colonnes verticales, on trouve 3 nombres égaux à 7 ou 7×3. Ces deux produits sont donc les mêmes, puisqu'ils expriment tous deux le nombre des unités de ce tableau.

2° Un produit de trois facteurs ne change pas quand on intervertit les deux derniers.

Démontrons, par exemple, que $7\times4\times3=7\times3\times4$. Pour cela formons le tableau suivant :

7	7	7	7	7×4
7	7	7	7	7×4
7	7	7	7	7×4
7×3	7×3	7×3	7×3	

Si on ajoute horizontalement, on trouve 3 nombres égaux à 7×4 ou $7\times4\times3$, et si on ajoute verticalement, on trouve 4 nombres égaux à 7×3 ou $7\times3\times4$. Ces deux produits sont donc égaux, puisqu'ils expriment tous deux la somme des nombres contenus dans ce tableau.

3o UN PRODUIT NE CHANGE PAS, QUAND ON INTERVERTIT DEUX FACTEURS CONSÉCUTIFS.

Démontrons, par exemple, que :

$$3\times5\times7\times9\times8=3\times5\times9\times7\times8$$

Pour cela, il suffit de prouver que :

$$3\times5\times7\times9=3\times5\times9\times7$$

car si ces deux produits sont égaux, ils le seront encore après les avoir multipliés par 8. — Or, pour effectuer ces deux derniers produits, il faudrait commencer, pour tous deux, par multiplier 3 par 5, puis multiplier le produit 15 par les facteurs suivants. La proposition à démontrer revient donc à faire voir que : $15\times7\times9=15\times9\times7$; mais ce sont deux produits de trois facteurs qui ne diffèrent que par l'ordre des deux derniers, et l'on a démontré, dans le cas précédent, que deux pareils produits sont égaux ; il en est donc de même de deux produits qui ne diffèrent que par l'ordre de deux facteurs consécutifs.

4o UN PRODUIT D'AUTANT DE FACTEURS QU'ON VOUDRA NE CHANGE PAS, QUAND ON INTERVERTIT LES FACTEURS D'UNE MANIÈRE QUELCONQUE.

Prenons pour exemple le produit $3\times5\times9\times13\times7$. Je dis que l'on pourra faire occuper une place quelconque à un facteur quelconque, 7 par exemple. En effet, comparons les produits suivants dans lesquels 7 occupe toutes les places possibles :

$$3\times5\times9\times13\times7$$

$$3\times5\times9\times7\times13$$

$$3\times5\times7\times9\times13$$

$$3\times7\times5\times9\times13$$

$$7\times3\times5\times9\times13$$

On voit que chacun d'eux ne diffère du suivant que par l'ordre de deux facteurs consécutifs, chacun d'eux est donc égal au suivant et, par suite, ils sont tous égaux entre eux; on peut donc, sans changer la valeur d'un produit, faire occuper une place quelconque à un facteur quelconque, c'est-à-dire qu'on peut intervertir les facteurs comme on voudra.

32. — Preuve de la Multiplication.

Elle se fait en prenant le multiplicande pour multiplicateur et réciproquement; il résulte du principe précédent que le produit doit être le même.

33. — Pour multiplier un nombre par un produit de plusieurs facteurs, on peut le multiplier successivement par les facteurs du produit.

Démontrons, par exemple, que pour multiplier un nombre 13 par 36, cela revient à multiplier successivement 13 par 4, puis par 9. En effet on a : (n° 31)

$$13 \times 36 = 36 \times 13$$

mais, dans ce dernier produit, on peut remplacer 36 par ses facteurs 4 et 9 ; car pour effectuer le produit $4 \times 9 \times 13$, il faudrait d'abord multiplier 4 par 9, puis leur produit 36 par 13. On a donc la suite d'égalités :

$$\begin{aligned} 13 \times 36 &= 36 \times 13 \\ &= 4 \times 9 \times 13 \\ &= 13 \times 4 \times 9 \end{aligned}$$

ce qu'il fallait démontrer.

34. — Pour multiplier un produit par un nombre, il suffit de multiplier l'un de ses facteurs par ce nombre.

Soit, par exemple, le produit $2 \times 3 \times 7 \times 5$, je dis que pour le multiplier par 4, il suffit de multiplier par 4 l'un de ses facteurs, 7. — En effet on a : (n° 31)

$$\begin{aligned} 2 \times 3 \times 28 \times 5 &= 2 \times 3 \times 5 \times 28 \\ &= 2 \times 3 \times 5 \times 7 \times 4 \quad \text{d'après le n° 33.} \end{aligned}$$

Or, les quatre premiers facteurs de ce dernier produit forment un nombre égal au produit primitif; celui-ci se trouve donc, en définitive, multiplié par 4, lorsqu'on multiplie un de ses facteurs par 4.

Remarque. — Dans un produit de plusieurs facteurs on peut remplacer quelques-uns de ces facteurs par leur produit effectué. — Démontrons, par exemple, que :

$$2 \times 3 \times 5 \times 4 = 2 \times 15 \times 4 \qquad \text{en effet}$$

$$\begin{aligned} 2 \times 3 \times 5 \times 4 &= 3 \times 5 \times 2 \times 4 \\ &= 15 \times 2 \times 4 \\ &= 2 \times 15 \times 4 \end{aligned}$$

ce qu'il fallait démontrer.

DIVISION.

35. — But de la Division.

Cette opération a pour but de chercher combien de fois un nombre est contenu dans un autre. Ce dernier nombre s'appelle *dividende,* le premier s'appelle *diviseur,* le résultat de l'opération s'appelle *quotient.*

36. — Signe de la Division.

On indique la Division en plaçant le dividende au-dessus du diviseur en l'en séparant par un trait, ou, à sa gauche, en l'en séparant par deux points.

Exemple : $\frac{36}{9} = 36 : 9 = 4.$

37. — Théorie de la Division.

Soit à diviser 37643 par 68, c'est-à-dire à chercher combien de fois 68 est contenu dans 37643. On pourrait opérer par soustractions successives, et autant de fois on pourra soustraire 68 de 37643, autant il y aura d'unités au quotient. Pour abréger, au lieu de soustraire une fois seulement le diviseur à chaque soustraction, nous pourrons le soustraire 10 fois et même 100 fois, et autant de fois on pourra soustraire 680 ou 6800 du dividende, autant on inscrira de dizaines ou de centaines au quotient.

Dans le cas actuel, on ne pourrait soustraire 1000 fois le diviseur, puisque 68000 est plus grand que 37643, ce qui montre déjà que le quotient est plus petit que 1000.

Or, si on essaie de soustraire 6800 autant que possible de 37643, on reconnaîtra facilement que, autant de fois 68 sera contenu dans 376, autant de fois 6800 le séra dans 37643 et autant il y aura de centaines au quotient.— On conclue de là que l'on trouvera le chiffre des centaines du quotient en cherchant combien de fois le diviseur 68 est contenu dans les 376 centaines du dividende. Pour le trouver on pourrait encore opérer par soustractions; mais, pour abréger, cherchons d'abord combien de fois 60 est contenu dans 376 ou, ce qui revient au même, combien de fois 6 est contenu dans 37. La table de multiplication nous apprend qu'il y est contenu 6 fois ; on en conclue bien, que 60 est contenu 6 fois dans 376, mais on ne peut en conclure que 68 y soit également contenu 6 fois.

Ce chiffre 6 peut donc être trop fort, et, pour le vérifier, on multipliera 68 par 6 et on essayera de soustraire le produit de 376; si la soustraction n'est pas possible on diminuera successivement ce chiffre 6 de 1, 2, 3 unités, jusqu'à ce qu'on arrive à une soustraction possible ; on trouve ainsi que 6 est trop fort et que 68 est contenu 5 fois dans 376 avec un reste égal à 36 ; il résulte de là que le chiffre des centaines du quotient est 5 et que 6800 est contenu 5 fois dans 37643 avec un reste égal à 3643.

L'opération revient maintenant à chercher combien de fois 68 est encore contenu dans 3643 : c'est une nouvelle division complétement indépendante de la première et sur laquelle on peut répéter les mêmes raisonnements et opération. — Nous déduirons de ce qui précède, la règle générale suivante.

38. — Règle générale.

On sépare sur la gauche du dividende une partie qui puisse contenir au moins une fois et moins de 10 fois le diviseur: cette partie s'appelle premier dividende partiel. On divise, au moyen de la table de multiplication, le premier ou les deux premiers chiffres, suivant les cas, de ce dividende partiel par le premier chiffre du diviseur et on obtient ainsi le premier chiffre du quotient ou un chiffre trop fort ; on le vérifie en faisant le produit du diviseur par ce chiffre et en le soustrayant du premier dividende partiel. Si la soustraction n'est pas possible, le chiffre mis au quotient est trop fort et on le diminue successivement de 1, 2, 3 unités, jusqu'à ce qu'on arrive à une soustraction possible.

A la droite du reste, on abaisse le chiffre suivant du dividende et on forme ainsi un second dividende partiel sur lequel on opère comme sur le premier. On continue ainsi jusqu'à ce que l'on ait abaissé tous les chiffres du dividende. Le dernier reste obtenu s'appelle le reste de la division ; s'il est nul, la division est exacte.

On dispose l'opération de la manière suivante :

```
             37643 | 68
              364  |-----
               243 | 553
Reste.......    39
```

39. — Preuve de la Division.

Elle se fait en multipliant le diviseur par le quotient ; ajoutant au produit le reste de la division, on doit retrouver le dividende. En effet, le reste de la division a été obtenu en retranchant du dividende autant de fois le diviseur qu'il y a d'unités dans le quotient ; le dividende est donc égal à ce produit augmenté du reste de la division.

40. — 1er cas particulier : Division d'un nombre quelconque par un nombre d'un seul chiffre.

Dans ce cas on simplifie le calcul, en se dispensant d'écrire les restes successifs et en descendant, par la pensée, les chiffres suivants du dividende à la droite de chacun de ces restes. Supposons qu'on veuille diviser 58324 par 7, on dispose l'opération de la manière suivante :

Dividende.	58324
Diviseur.	7
Quotient.	8332
Reste	0

et on dira : le septième de 58 est 8 pour 56 et il reste 2, le septième de 23 est 3 pour 21 et il reste 2, le septième de 22 est 3 pour 21 et il reste 1, le septième de 14 est 2 et il reste 0.

Quant à la théorie, elle est la même que dans le cas général ; il n'y a de changé que la disposition de l'opération.

41. — 2me cas particulier : Division de deux nombres suivis de zéros.

On peut, dans ce cas, sans changer le quotient, supprimer un même nombre de zéros au dividende et au diviseur, ce qui simplifie l'opération. — Ainsi la division de 73000 par 800 revient à la division de 730 par 8. Le quotient de ces deux divisions sera le même, seulement le reste de la seconde sera 100 fois plus petit que celui de la première ; cela résulte du théorème suivant.

42. — Si on multiplie ou si on divise deux nombres par un troisième, le quotient ne change pas et le reste est multiplié ou divisé par le 3me nombre.

Supposons que l'on divise 47 par 7, on trouve pour quotient 6 et pour reste 5. Cela veut dire que dans 47 unités il y a 6 fois 7 unités et qu'il reste 5 unités. Or, le mot unité représente tout ce qu'on voudra. (no 1.) On peut donc dire également que dans 47 douzaines il y a 6 fois 7 douzaines et qu'il reste 5 douzaines : en d'autres termes, que si on multiplie le dividende et le diviseur par un nombre quelconque, 12, le quotient reste le même, et le reste est multiplié par 12.

On conclue de là que le résultat inverse aura lieu, si on divise au lieu de multiplier.

43.— Pour diviser un nombre par un produit de plusieurs facteurs, on peut le diviser successivement par chaque facteur du produit.

Par exemple, pour diviser 96 par 24 on peut le diviser successivement par 3, puis par 8. En effet, $\frac{96}{3} = 32$; $\frac{32}{8} = 4$. 4 est donc un nombre qui, multiplié successivement par 8 et par 3, donne pour produit 96. Or, en multipliant un nombre successivement par les facteurs d'un produit ou par ce produit effectué, on obtient le même résultat (nº 33); il en résulte que 4 est bien un nombre qui, multiplié par 24, reproduit 96, c'est-à-dire que 4 est le quotient de 96 par 24.

EXERCICE SUR LE 1er CHAPITRE.

1º Un nombre étant écrit dans le système décimal, l'écrire dans un autre système de numération et réciproquement.

2º Un nombre étant écrit dans un système quelconque, l'écrire dans un autre.

3º Un nombre étant écrit dans le système décimal, quelles sont les valeurs absolues des chiffres qui exprimeraient ce nombre dans le système dont la base est 100, dans celui dont la base est 1000 ?

4º Quand on ajoute plusieurs nombres, la différence entre la somme des chiffres des nombres ajoutés et la somme des chiffres du total est zéro ou un multiple de 9.

5º Un produit de plusieurs facteurs a, au plus, autant de chiffres qu'il y en a dans tous les facteurs, et le nombre des chiffres de ce produit est au moins égal au nombre des chiffres de tous les facteurs diminué du nombre des facteurs moins un.

6º Démontrer que pour diviser un nombre par un produit de plusieurs facteurs, on peut le diviser successivement par les facteurs du produit, dans le cas où les divisions ne se font pas exactement et en se bornant à prendre la partie entière de chaque quotient.

CHAPITRE II

DIVISIBILITÉ. — PLUS GRAND COMMUN DIVISEUR. NOMBRES PREMIERS

44. — Quand un nombre en divise exactement plusieurs autres, il divise exactement leur somme.

En effet, 7, par exemple, divise exactement 14, 35 et 63. Je dis qu'il divisera exactement leur somme 112.

En effet, 7 étant compris un nombre exact de fois dans chacun de ces nombres, savoir : 2 fois dans 14, 5 fois dans 35 et 9 fois dans 63, sera évidemment contenu un nombre exact de fois dans leur somme 112, et ce nombre de fois sera $2+5+9$ ou 16.

45. — Si un nombre en divise exactement un autre, il divise aussi ses multiples.

On appelle *multiple* d'un nombre, tout produit de ce nombre par un nombre entier quelconque; exemple : 12, 18, 24 sont des multiples de 6.

Ceci posé, démontrons, par exemple, que 6 divisant 12 doit diviser 7 fois 12 ou 84.

En effet, 84 est la somme de 7 nombres égaux à 12, c'est-à-dire de 7 nombres tous divisibles par 6 ; donc la somme 84 de ces 7 nombres doit être aussi divisible par 6, d'après le numéro précédent.

46. — Si un nombre en divise exactement deux autres, il divise aussi leur différence.

13, par exemple, divise exactement 65 et 39; démontrons qu'il divisera leur différence. — En effet, retrancher 39 de 65 c'est retrancher un nombre exact de fois 13 d'un autre nombre exact de fois 13; le reste sera évidemment aussi un nombre exact de fois 13 : en d'autres termes, retrancher 39 de 65 c'est retrancher 3 fois 13 de 5 fois 13; le reste sera évidemment 2 fois 13.

47. — Le reste d'une division n'est pas changé, si du dividende on retranche un multiple du diviseur.

$$\begin{array}{r|l} 45 & 7 \\ \hline 3 & 6 \end{array}$$

Prenons, par exemple, la division de 45 par 7 qui donne pour quotient 6 et pour reste 3, et démontrons que si l'on retranche de 45 un multiple de 7, par exemple 14, le reste de la division de 31 par 7 sera encore 3.

En effet, le quotient d'une division indique combien de fois le diviseur est contenu dans le dividende. — Si du dividende on retranche 2 fois le diviseur, le quotient sera évidemment diminué de deux unités; le produit du diviseur par le quotient sera donc diminué de 2 fois le diviseur, et comme le dividende est aussi diminué de 2 fois le diviseur, la différence entre ces deux nombres, c'est-à-dire le reste de la division, ne sera pas changée, d'après l'axiome du n° 19.

48. — Le reste de la division d'un nombre par 2 ou par 5 est le même que le reste de la division de son dernier chiffre à droite par 2 ou par 5. Condition de divisibilité par 2 ou 5.

Démontrons, par exemple, que le reste de la division de 32847 par 5 est le même que le reste de la division de 7 par 5. — Pour cela, remarquons que 10 est divisible par 5 : donc tout multiple de 10, c'est-à-dire, tout nombre terminé par un zéro est (n° 45) divisible par 5; par suite 32840 est un multiple de 5. Or, dans la division de 32847 par 5, le reste de la division ne sera pas changé, si du dividende on retranche 32840 qui est un multiple du diviseur. (n° 47) Le reste de la division de 7 par 5 est donc le même que celui de 32847 par 5.

Même démonstration pour 2.

Conséquence.— 1° Pour qu'un nombre soit divisible par 2, il faut et il suffit que son dernier chiffre à droite soit un zéro ou un chiffre pair : 2, 4, 6, 8.

2° Pour qu'un nombre soit divisible par 5, il faut et il suffit que son dernier chiffre à droite soit un 0 ou un 5.

49. — Le reste de la division d'un nombre par 4 ou 25 est le même que le reste de la division par 4 ou 25 du nombre formé par ses deux derniers chiffres à droite. — Condition de divisibilité par 4 ou 25.

Démontrons que le reste de la division de 32847 par 4 ou 25 est le même que le reste de la division de 47 par 4 ou 25.

Remarquons, pour cela, que 100 est divisible par 4 et par 25 et qu'il en est de même (n° 45) de tout multiple de 100, c'est-à-dire de tout nombre terminé par deux zéros.

32800 est donc un multiple de 4 et aussi de 25; or, dans la division de 32847 par 4 ou 25, le reste n'est pas changé si, du dividende, on retranche 32800 qui est un multiple du diviseur. Le principe énoncé est donc ainsi démontré.

Conséquence.— 1° Un nombre est divisible par 4 lorsque ses deux derniers chiffres à droite sont deux zéros ou forment un nombre divisible par 4. Cette condition est nécessaire et suffisante.

2° Un nombre est divisible par 25 lorsque ses deux derniers chiffres à droite sont deux zéros ou forment un nombre divisible par 25.

50. — Tout nombre est un multiple de 9 augmenté de la somme de ses chiffres.

En effet, 10, 100, 1000 et, en général, l'unité suivie d'autant de zéros qu'on voudra, est un multiple de 9 plus 1; car si d'un pareil nombre on retranche 1, le reste sera composé uniquement de chiffres 9 et sera évidemment divisible par 9. Le quotient de 9999 par 9, par exemple, est 1111 composé d'autant de chiffres 1 qu'il y a de 9 au dividende.

De là il résulte que des nombres tels que 300, 700, etc., formés d'un chiffre significatif suivi de zéros, sont des multiples de 9 plus ce chiffre. Car, d'après ce qui précède :

100 = un multiple de 9 + 1
100 = un multiple de 9 + 1
100 = un multiple de 9 + 1 et en ajoutant

300 = un multiple de 9 + 3

Arrivons maintenant à la démonstration du principe énoncé,

et démontrons qu'un nombre quelconque 58275 est un multiple de 9 augmenté de la somme de ses chiffres 27. En effet, on a :

$$\begin{aligned} 50000 &= \text{un multiple de } 9+5 \\ 8000 &= \text{un multiple de } 9+8 \\ 200 &= \text{un multiple de } 9+2 \\ 70 &= \text{un multiple de } 9+7 \\ 5 &= \phantom{\text{un multiple de } 9+{}} 5 \quad \text{et en ajoutant} \\ \hline 58275 &= \text{un multiple de } 9+27 \end{aligned}$$

Remarque. — Tout multiple de 9 étant un multiple de 3 (nº 45), on pourra dire aussi qu'un nombre quelconque est égal à un multiple de 3 augmenté de la somme de ses chiffres.

51. — Le reste de la division d'un nombre par 9 ou par 3 est le même que le reste de la division de la somme de ses chiffre par 9 ou par 3.— Condition de divisibilité par 9 ou par 3.

Démontrons, par exemple, que le reste de la division de 58275 par 9 est le même que le reste de la division par 9, de la somme de ses chiffres 27. En effet, d'après ce qu'on vient de démontrer, 58275 se compose de deux parties, dont l'une est un multiple de 9 et l'autre, la somme de ses chiffres 27. Or, d'après le nº 47, dans la division de 58275 par 9, si on retranche du dividende cette première partie qui est un multiple du diviseur, le reste de la division ne sera pas changé : le reste de la division de 27 par 9 est donc égal au reste de la division de 58275 par 9.

Même démonstration pour 3.

Conséquence. — Pour qu'un nombre soit divisible par 9 ou par 3, il faut et il suffit que la somme de ses chiffres soit divisible par 9 ou par 3.

DU PLUS GRAND COMMUN DIVISEUR.

52. — Quand un nombre en divise deux autres, il divise le reste de leur division.

Par exemple, 7 divise exactement 91 et 35 ; je dis qu'il divisera le reste de leur division. En effet, le quotient étant 2, le reste sera $91 - 2 \times 35$; or, 7 divisant 35, divise 2×35 qui est un de ses multiples; divisant 91 et 2×35, il divisera leur différence, c'est-à-dire le reste de la division.

53. — Définition.

On appelle plus grand commun diviseur à deux ou à plusieurs nombres le plus grand nombre qui puisse les diviser tous exactement. Ainsi 12 est le plus grand commun diviseur à 24 et à 60.

54. — Le plus grand commun diviseur à deux nombres est le même que le plus grand diviseur commun au plus petit de ces deux nombres et au reste de leur division.

Considérons, par exemple, les deux nombres 495 et 105. En les divisant l'un par l'autre on trouve pour quotient 4 et pour reste 75. Démontrons que le plus grand diviseur commun à 495 et à 105 est le même qu'entre 105 et 75.

La démonstration de cette proposition repose sur les deux principes suivants :

1° Tout diviseur commun à 495 et à 105 est un diviseur commun à 105 et à 75. En effet, tout nombre qui divise à la fois 495 et 105, divise 75, d'après le n° 52, et comme ce nombre divise aussi 105, il est un diviseur commun à 105 et à 75 : ce qu'il fallait démontrer.

2° Tout diviseur commun à 105 et à 75 est un diviseur commun à 495 et à 105. En effet, tout nombre qui divise 105 et 75, divise 105×4 qui est un multiple de 105, et, par suite, il divise $105 \times 4 + 75$ ou 495. Mais, comme il divise aussi 105, c'est un diviseur commun à 495 et à 105, ce que nous voulons établir.

Des deux principes précédents, il résulte que les diviseurs communs à 495 et à 105 sont les mêmes que les diviseurs communs à 105 et à 75, et, par suite, que le plus grand de ces diviseurs communs doit être aussi le même des deux côtés.

55. — Théorie du plus grand commun diviseur à deux nombres.

D'après ce qui précède, au lieu de chercher le plus grand commun diviseur à 2 nombres, on peut chercher le plus grand commun diviseur au plus petit de ces deux nombres et au reste de leur division. — Par exemple, la recherche du plus grand commun diviseur entre 495 et 105 revient à celle du plus grand commun diviseur entre 105 et 75.

Or, en divisant 105 par 75 on trouve pour quotient 1 et pour reste 30. — D'après le même raisonnement on est conduit à chercher le plus grand commun diviseur entre 75 et 30, puis entre 30 et 15, reste de la division de 75 par 30. Or, 15 divise 30 et se divise aussi lui-même, et comme 15 ne peut être divisible par un nombre plus grand que lui, on peut affirmer que 15 est le plus grand commun diviseur entre 30 et 15 et, par suite, entre 75 et 30, entre 105 et 75 et entre 495 et 105. De là, la règle suivante.

Règle générale. — Pour trouver le plus grand commun diviseur à deux nombres, on divise le plus grand de ces nombres par le plus petit, le plus petit par le 1er reste, le 1er reste par le 2me, le 2me par le 3me et ainsi de suite, jusqu'à ce qu'on arrive à une division exacte. Le diviseur de cette division exacte sera le plus grand commun diviseur cherché.

On dispose le calcul de la manière suivante :

	4	1	2	2
495	105	75	30	15
75	30	15	0	

56. — Nombres premiers entre eux.

Deux nombres sont dits *premiers entre eux* quand ils ont pour plus grand commun diviseur l'unité.

Exemple. — 35 et 9.

57.— Tout diviseur commun à deux nombres divise leur plus grand commun diviseur.

Soient A et B, deux nombres, R, R' R'', les restes successifs que l'on obtient en cherchant leur plus grand commun diviseur.

A	B	R	R'
R	R'	R''	

Tout nombre qui divise A et B, divise R, d'après le nº 52; divisant B et R, il divise R'; divisant R et R', il divise R'' et ainsi de suite; donc tout nombre qui en divise deux autres, divise les restes successifs qu'on obtient en cherchant leur plus grand commun diviseur et, par suite, il divise aussi le plus grand commun diviseur qui est lui-même un des restes.

58. — Si on multiplie ou si on divise deux nombres par un 3me, leur plus grand commun diviseur est multiplié ou divisé par ce troisième nombre.

On a démontré, au nº 43, que si on multiplie ou si on divise deux nombres A et B par un 3me nombre M, leur quotient ne change pas et le reste R de leur division sera multiplié ou divisé par M. Donc, le reste de la division de MA par MB sera MR; le reste de la division de MB par MR sera MR' et ainsi de suite. Donc, en multipliant ou en divisant deux nombres par un 3me, les restes que l'on obtient dans la recherche de leur plus grand commun diviseur seront aussi multipliés ou divisés par ce 3me nombre, et il en est de même de leur plus grand commun diviseur, qui est lui-même un des restes.

59. — Si on divise deux nombres par leur plus grand commun diviseur, les quotients sont premiers entre eux.

C'est une conséquence immédiate du théorème précédent.— Si on divise deux nombres par leur plus grand commun diviseur, ce dernier sera divisé par lui-même et deviendra l'unité. Les quotients ayant l'unité pour plus grand commun diviseur, sont premiers entre eux, d'après la définition.

60. — Tout nombre qui divise un produit de deux facteurs et qui est premier avec l'un d'eux, divise l'autre facteur.

Soit P un nombre qui divise exactement un produit $A \times B$ et qui est premier avec A, je dis qu'il doit diviser B. En effet, P et A étant premiers entre eux, leur plus grand commun diviseur est l'unité.— Si on multiplie ces deux nombres par B, on aura $P \times B$ et $A \times B$ et leur plus grand commun diviseur sera, d'après le nº 58, multiplié par B et deviendra $1 \times B$ ou B.—Mais, par hypothèse, P divise $A \times B$; il divise aussi $P \times B$ qui est un de ses multiples; il doit donc diviser (nº 57) leur plus grand commun diviseur B, ce qu'il fallait démontrer.

DES NOMBRES PREMIERS.

61. — Définition d'un nombre premier.

On appelle *nombre premier*, un nombre qui n'est divisible que par lui-même ou par l'unité. Tels sont :

1, 3, 5, 7, 11, 13, 17, 19, 23.

62. — Moyen de reconnaître si un nombre est premier.

Pour reconnaître si un nombre est premier, on essaie successivement comme diviseur tous les nombres à partir de 2, jusqu'à ce qu'on arrive à un diviseur tel que le quotient correspondant soit plus petit que le diviseur essayé ; si aucune de ces divisions n'est exacte, on sera certain que le nombre est premier. En effet, remarquons que dans une division exacte, le quotient est aussi un diviseur du dividende, de sorte que les diviseurs d'un nombre vont toujours par couples. Or, si on essaie comme diviseur tous les nombres à partir de 2, à mesure que le diviseur augmentera, le quotient diminuera, et lorsqu'on sera arrivé à une division telle que le quotient obtenu soit moindre que le diviseur, sans que cette division ni aucune des précédentes soit exacte, on pourra affirmer que le nombre proposé est premier, car il ne peut admettre de diviseur plus grand que le dernier essayé, sans quoi il en admettrait aussi un autre plus petit qui serait le quotient de cette division, et ceci est contre l'hypothèse.

On peut même simplifier le nombre des essais, en remarquant que si le nombre proposé n'est pas divisible par 2, il ne peut l'être par aucun nombre pair ; s'il n'est pas divisible par 3, il ne peut l'être par aucun multiple de 3 et ainsi de suite. On peut donc poser la règle suivante :

Règle. — Pour reconnaître si un nombre est premier, on le divisera successivement par les nombres premiers à partir de 2, jusqu'à ce qu'on arrive à une division dans laquelle le quotient obtenu soit moindre que le diviseur essayé ; si aucune de ces divisions ne s'est faite exactement, le nombre sera premier.

Exemple. — Cherchons si 97 est premier.

97 divisé par	2	donne pour quotient	48	et pour reste	1
—	3	—	32	—	1
—	5	—	19	—	2
—	7	—	13	—	6
—	11	—	8	—	9

Le quotient 8 qui correspond au diviseur 11 étant plus petit que ce diviseur, on en conclue que 97 est premier, puisque s'il admettait un diviseur plus grand que 11, il admettrait aussi un diviseur plus petit que 8, ce que nous avons reconnu impossible.

Remarque. — La même règle peut se formuler ainsi : Un nombre est premier, lorsqu'il n'admet aucun diviseur premier plus petit que sa racine carrée.

63. — Décomposer un nombre en ses facteurs premiers.

Cette opération consiste à trouver des nombres premiers dont le produit soit égal au nombre donné. Pour cela, on essaie successivement, en commençant par les plus simples, les nombres premiers comme diviseurs d'abord du nombre proposé, puis des divers quotients obtenus. L'opération est terminée quand on est arrivé à un quotient qui est lui-même premier.

Supposons, par exemple, qu'on veuille décomposer 495 en ses facteurs premiers, on disposera ainsi l'opération :

495	3
165	3
55	5
11	11

On reconnaîtra d'abord, à l'aide des caractères de divisibilité, que 495 n'est pas divisible par 2, mais qu'il l'est par 3. Le quotient de 495 par 3 étant 165, on aura $495 = 3 \times 165$, et pour décomposer 495 en facteurs premiers, il suffira évidemment de décomposer 165. En continuant ainsi, on trouvera :

$$495 = 3 \times 3 \times 5 \times 11$$

64.— Si un nombre premier divise un produit de plusieurs facteurs, il divise nécessairement l'un d'eux.

Soit P un nombre premier qui divise un produit de plusieurs facteurs $A \times B \times C \times D$; démontrons qu'il doit diviser l'un de ces facteurs. En effet, $A \times B \times C \times D$ peut être considéré comme un produit de deux facteurs A et $B \times C \times D$; cela posé, si P ne divise pas A, il est premier avec A; car P, étant premier, n'admet pour diviseur que 1 ou P, et par suite ne peut avoir de diviseur commun avec A que 1 ou P. Donc, si P ne divise pas A, le seul diviseur commun qu'ils puissent avoir est 1, c'est-à-dire qu'ils sont premiers entre eux (nº 56). Ce point établi, P divisant le produit de A par $B \times C \times D$, s'il ne divise pas A, sera premier avec A et par conséquent divisera l'autre facteur $B \times C \times D$ (nº 60). Mais $B \times C \times D$ peut être considéré comme un produit de deux facteurs B et $C \times D$. P divisant ce produit, s'il ne divise pas B, sera premier avec B et, par suite, divisera $C \times D$. Et, en raisonnant de même, on prouverait encore que P divisant $C \times D$, s'il ne divise pas C, doit diviser D. Donc, si un nombre premier divise un produit de plusieurs facteurs, il divise nécessairement l'un d'eux.

Conséquence. — Si un nombre premier divise une puissance d'un nombre, il divise ce nombre.

65. — Un nombre n'est décomposable que d'une seule manière, en facteurs premiers.

Supposons qu'un nombre N soit décomposable de deux manières en facteurs premiers et soient :

$$a \times b \times c \times d \quad \text{et} \quad a' \times b' \times c' \times d'$$

Ces deux systèmes de facteurs, de sorte qu'on a :

$$a \times b \times c \times d = a' \times b' \times c' \times d'$$

Pour prouver que ces deux systèmes sont les mêmes, il suffit de prouver qu'un facteur quelconque de l'un des systèmes doit se trouver dans l'autre système avec un exposant égal. Démontrons, par exemple, que a, facteur du premier système, doit se trouver dans le second. En effet, a divisant $a \times b \times c \times d$ doit diviser $a' \times b' \times c' \times d'$ qui lui est égal, et comme a est premier il doit diviser (nº 64) l'un des facteurs de ce second produit ; mais ces facteurs sont eux-mêmes premiers et n'admettent pour diviseur qu'eux-mêmes ou l'unité, donc a doit trouver son égal parmi les facteurs du produit $a' \times b' \times c' \times d'$. En outre, si dans le premier produit il se trouve n facteurs égaux à a, il doit s'en trouver le même nombre dans le second produit ; car si le second produit, par exemple, en contenait plus de n, en supprimant ces n facteurs de part et d'autre, les nouveaux produits devraient encore être égaux, ce qui est impossible, puisque, dans cette hypothèse, le second produit serait seul divisible encore par a.

66.— Si deux nombres sont divisibles l'un par l'autre, tous les facteurs premiers du diviseur doivent se trouver parmi ceux du dividende avec un exposant au moins égal à celui qu'ils ont dans le diviseur. La réciproque est vraie.

Démontrons que si N est divisible par A, tous les facteurs de A doivent se trouver parmi ceux de N, avec un exposant au moins égal à celui qu'ils ont dans A.

En effet, soit B le quotient de N par A on a : $N = A \times B$. Décomposons A et B en leurs facteurs premiers a, a', a'' — et b, b', b'' — de sorte que l'on aura :

$$A = a \times a' \times a''$$

$$B = b \times b' \times b''$$

et par suite,

$$N = a \times a' \times a'' \times b \times b' \times b''$$

N se trouve donc ainsi décomposé en facteurs premiers, et comme, d'après le nº 65, il ne l'est que d'une seule manière, on en conclue que de quelque manière qu'on le décompose, on trouvera toujours parmi ses facteurs premiers les facteurs a, a' a'' de A.

Réciproquement, si N renferme les facteurs premiers de A, il est divisible par A, car il est dans ce cas égal au produit de A par un nombre entier qui serait le produit des facteurs premiers qui se trouvent en plus dans N.

67.— Recherche du plus grand commun diviseur et du plus petit multiple commun à plusieurs nombres.

Soient A, B, C, D plusieurs nombres, s'ils admettent un diviseur commun P, ils devront, séparément, d'après le n° 66, contenir les facteurs premiers de P avec un exposant au moins égal à celui qu'ils ont dans P.— P ne peut donc renfermer que des facteurs premiers communs aux nombres A, B, C, D et chacun d'eux avec un exposant au plus égal au plus petit exposant de ce facteur dans les nombres A, B, C, D. De là, on déduit la règle suivante :

Règle. — Pour trouver le plus grand commun diviseur à plusieurs nombres, on les décompose en leurs facteurs premiers et on fait le produit des facteurs premiers communs à ces nombres, chacun de ces facteurs étant affecté d'un exposant égal au plus petit exposant qu'il ait dans ces nombres.

Soit, maintenant, M, un nombre divisible séparément par chacun des nombres A, B, C, D.— D'après le n° 66, M devra renfermer les facteurs premiers de chacun de ces nombres, et chacun d'eux avec un exposant au moins égal au plus grand de ses exposants.— De là, la règle suivante :

Règle. — Pour trouver le plus petit multiple commun à plusieurs nombres, on les décompose en leurs facteurs premiers et on fait le produit de tous les facteurs premiers différents qui entrent dans ces nombres, chacun de ces facteurs étant pris avec son plus grand exposant.

Exemple.— Cherchons le plus grand commun diviseur et le plus petit multiple commun des 4 nombres 180, 165, 105 et 45.

180	2	165	3	105	3	45	3
90	2	55	5	35	5	15	3
45	3	11	11	7	7	5	5
15	3						
5	5						

Le plus grand commun diviseur $= 3 \times 5 = 15$.

Le plus petit multiple commun $= 2^2 \times 3. \times 5 \times 11 \times 7 = 13860$.

EXERCICE SUR LE 2me CHAPITRE.

1° Tout nombre est égal à un multiple de 11, plus la somme de ses chiffres de rang impair et moins la somme des chiffres de rang pair.— Condition de divisibilité par 11.

2° Dans tout système de numération, un nombre est un multiple de la base moins un, plus la somme de ses chiffres ; il est aussi un multiple de la base plus un, plus la somme des chiffres de rang impair et moins la somme des chiffres de rang pair.

3o Tout nombre est un multiple de 99, plus la somme des valeurs absolues des tranches de 2 chiffres à partir de la droite. — Condition de divisibilité par 99.

4o Tout nombre est un multiple de 101, plus la somme des tranches de 2 chiffres du rang impair et moins la somme des tranches de rang pair.— Condition de divisibilité par 101.

5o Condition de divisibilité par 999, par 111, par 37 ou par 1001, par 7, par 143, etc.

6o Si on fait le produit de deux nombres et le produit des restes de leur division par un même troisième nombre, ces deux produits divisés par le 3me nombre donneront des restes égaux.

7o Preuves par 9 et par 11 de la Multiplication et de la Division.

8o La différence de deux nombres composés des mêmes chiffres est toujours un multiple de 9.

9o Étant donnés, plusieurs nombres A, B, C, D, démontrer que leur plus grand commun diviseur peut s'obtenir en cherchant le P, G, C, D entre A et B, puis le P, G, C, D entre C, D, F, et, enfin, cherchant le P, G, C, D entre ces deux nombres, déduire de là une règle pour trouver le P, G, C, D entre plusieurs nombres.

10o Le plus petit multiple commun de deux nombres est égal à leur produit divisé par leur plus grand commun diviseur.

11o Démontrer que la suite des nombres premiers est illimitée.

12o Tout nombre est premier ou un produit de facteurs premiers.

13o Démontrer que $n\ (n+1)\ (2\ n+1)$ est toujours divisible par 6.

14o Quand un nombre est divisible par plusieurs autres premiers entre eux, deux à deux, il est divisible par leur produit. — Condition de divisibilité par 6, 12, 15, 18, etc.

15o Si A et B sont des nombres premiers, $A+B$ et $A-B$ ont 2 pour plus grand commun diviseur.

16o Si N est premier et plus grand que 3, N^2-1 est divisible par 24.

17o Si A et B sont premiers entre eux, $A \pm B$ et AB sont aussi premiers entre eux.

18o Trouver tous les diviseurs d'un nombre.— Quel en est le nombre ?

19° Le nombre de divisions à exécuter dans la recherche de P, G, C, D à deux nombres est, au plus, égal au double de l'exposant de la puissance de 2 immédiatement supérieur au plus petit des deux nombres.

20° Le produit de n nombres consécutifs est toujours divisible par le produit des n premiers nombres.

CHAPITRE III

FRACTIONS ET NOMBRES DÉCIMAUX

68. — Grandeur.

On appelle grandeur ou quantité tout ce qui est susceptible d'augmentation ou de diminution.

69. — Unité.

Le mot *Unité* s'emploie aussi pour désigner une grandeur arbitraire choisie pour *mesurer* les grandeurs de même espèce.

70. — Mesurer une grandeur.

C'est chercher combien cette grandeur contient d'unités ou de subdivisions de cette unité. — Nous ne considérerons en arithmétique que les deux cas les plus simples de la mesure des grandeurs, savoir : 1° la grandeur mesurée contient un nombre exact de fois l'unité de son espèce ; 2° cette grandeur contient un nombre exact de fois l'une des subdivisions de cette unité partagée en parties égales. Dans ces deux cas, le résultat de la comparaison s'appelle nombre. De là, deux espèces de nombres : *nombre entier* et *fraction*.

71. — Des Fractions.

Une fraction est donc le résultat de la comparaison d'une grandeur à l'unité de son espèce, dans le cas où cette grandeur est un multiple exact d'une des subdivisions de l'unité. Il faut donc deux nombres pour exprimer une fraction : l'un, appelé *Dénominateur*, indique en combien de subdivisions l'unité a été partagée ; l'autre, appelé *Numérateur*, indique combien la grandeur mesurée contient de ces subdivisions.

Ces deux nombres s'appellent collectivement les *Termes* de la fraction.

Une fraction s'écrit en plaçant le numérateur au-dessus du dénominateur et en l'en séparant par un trait horizontal.

EXEMPLE. $\frac{3}{7}$ qui s'énonce trois septièmes.

CONSÉQUENCES. – Une fraction est plus grande ou plus petite que 1, suivant que son numérateur est plus grand ou plus petit que son dénominateur ; elle est égale à 1, quand ses deux termes sont égaux.

72. — Lorsqu'on rend le numérateur d'une fraction un certain nombre de fois plus grand ou plus petit, la fraction est rendue le même nombre de fois plus grande ou plus petite.

En effet, si on compare les deux fractions $\frac{3}{7}$ et $\frac{6}{7}$ par exemple, elles expriment toutes deux que l'unité est divisée en 7 parties égales. Pour former la 1re, on a pris 3 de ces parties, et pour former la 2me, on en a pris 6, c'est-à-dire deux fois plus. La seconde fraction est donc deux fois plus grande que la première.

On prouverait de la même manière qu'une fraction diminue quand son numérateur diminue, et qu'elle devient un certain nombre de fois plus petite quand on rend son numérateur le même nombre de fois plus petit.

73.— Quand on rend le dénominateur d'une fraction un certain nombre de fois plus grand ou plus petit, la fraction est rendue le même nombre de fois plus petite ou plus grande.

En effet, si nous comparons, par exemple, les fractions $\frac{3}{7}$ et $\frac{3}{14}$, la 1re indique que l'unité est divisée en 7 parties égales et la 2me en 14. Les subdivisions seront donc deux fois plus petites dans le second cas que dans le premier, et comme, dans les deux cas, on prend le même nombre de ces subdivisions, il en résulte que la seconde fraction doit être deux fois plus petite que la première.

74. — Une fraction ne change pas de valeur quand on multiplie ou qu'on divise ses deux termes par un même nombre.

Considérons, par exemple, la fraction $\frac{3}{7}$: si on multiplie son numérateur seul par 2, la fraction est rendue deux fois plus grande (nº 72); si on multiplie son dénominateur seul par 2, la fraction est rendue deux fois plus petite (nº 73). Donc, si on multiplie ses deux termes par 2, la fraction rendue d'un côté deux fois plus grande et de l'autre deux fois plus petite, ne change pas de valeur.

On prouverait de même qu'on peut diviser les deux termes d'une fraction par un même nombre, sans changer sa valeur.

75. — Réduction d'une fraction à sa plus simple expression.

Réduire une fraction à sa plus simple expression, c'est trouver une autre fraction égale et dont les deux termes soient aussi petits que possible.

Puisqu'on ne change pas la valeur d'une fraction en divisant ses deux termes par un même nombre, on obtiendra une expression plus simple d'une fraction en divisant ses deux termes par un même nombre, lorsque cela pourra se faire; or, plus le nombre par lequel on pourra les diviser sera grand, plus les deux termes de la nouvelle fraction seront petits; on est donc porté à conclure que l'on obtiendra la plus simple expression de la fraction en divisant ses deux termes par leur plus grand commun diviseur.

Remarque. — D'après le nº 59, les deux termes de la nouvelle fraction ainsi obtenue sont premiers entre eux.

76. — Une fraction dont les deux termes sont premiers entre eux ne peut être réduite à une expression plus simple.

Pour qu'il soit complétement exact de dire qu'une fraction est réduite à sa plus simple expression, quand on a divisé ses deux termes par leur plus grand commun diviseur, il faut encore démontrer qu'une fraction est réellement *irréductible*, c'est-à-dire ne peut être réduite à une expression plus simple, quand ses deux termes sont premiers entre eux.

Soit $\frac{a}{b}$ une fraction dont les deux termes sont premiers entre eux et $\dfrac{a'}{b'}$ une fraction égale; multiplions les deux termes de la première par b' et les deux termes de la seconde par b, elles ne changeront pas de valeur et l'on aura encore :

$$\frac{a \times b'}{b \times b'} = \frac{a' \times b}{b \times b'}$$

et comme leurs dénominateurs sont les mêmes, leurs numérateurs doivent être égaux et l'on a :

$$a \times b' = a' \times b.$$

b divisant le second membre de cette égalité doit diviser le premier : $a \times b'$; mais étant premier avec a il doit diviser b' (n° 60). On doit donc avoir $b' = b \times m$, m étant un nombre entier; par suite, l'égalité précédente deviendra: $a \times b \times m = a' \times b$, et en divisant les deux membres par b on a : $a' = a \times m$.

Ceci prouve qu'une fraction dont les deux termes sont premiers entre eux, ne peut être égale à une autre fraction, qu'autant que les deux termes de celle-ci sont des équimultiples des termes correspondants de la première, et, par suite, qu'une fraction semblable ne peut être réduite à une expression plus simple. On peut donc poser cette règle :

Règle.— On réduit une fraction à sa plus simple expression en divisant ses deux termes par leur plus grand commun diviseur.

Conséquence.— Une fraction irréductible ne peut être convertie en une fraction égale ayant un dénominateur donné, que dans le cas où ce dénominateur est un multiple du dénominateur de la fraction.

77. — Réduction des facteurs au même dénominateur.

Le procédé général consiste à multiplier les deux termes de chaque fraction par le produit des dénominateurs de toutes les autres.

Soient, par exemple : $\dfrac{2}{3}, \dfrac{3}{5}, \dfrac{7}{8}$ d'après la règle précédente,

elles deviendront : $\dfrac{80}{120}\ \dfrac{72}{120}\ \dfrac{105}{120}$

Par cette opération, elles n'ont pas changé de valeur, puisqu'on a multiplié les deux termes de chacune par un même nombre, et elles ont le même dénominateur, car ce dénominateur est, pour chacune d'elles, le produit de tous les dénominateurs, produit effectué dans un ordre différent pour les facteurs, ce qui ne change pas la valeur de ce produit.

Dans le cas de deux fractions, la règle se réduit à multiplier les deux termes de chacune par le dénominateur de l'autre.

78. — Réduction des fractions au plus petit dénominateur commun.

On commencera par réduire chaque fraction à sa plus simple expression ; puis on remarquera que, d'après la conséquence du n° 76, le dénominateur commun cherché doit être un multiple de chacun des dénominateurs ; donc, ce plus petit dénominateur commun sera le plus petit multiple commun de tous les dénominateurs. De là, la règle suivante :

Règle. — Pour réduire plusieurs fractions au plus petit dénominateur commun, on réduit d'abord chacune d'elles à sa plus simple expression ; puis on cherche le plus petit multiple commun des dénominateurs, et on multiplie les deux termes de chaque fraction par le quotient, qu'on obtient en divisant ce plus petit multiple par le dénominateur de la fraction.

Exemple. — $\frac{5}{8}$ $\frac{7}{12}$ $\frac{11}{18}$ le plus petit multiple commun de 8, 12, 18 est 72,

et on aura : $\frac{45}{72}$ $\frac{42}{72}$ $\frac{44}{72}$

79. — But de l'Addition.

Le but général de l'Addition est de trouver un nombre renfermant toutes les unités et parties d'unités contenues dans plusieurs nombres donnés.

80. — Addition des fractions. — Deux cas.

1er Cas. — Si les fractions ont le même dénominateur, il suffit d'ajouter les numérateurs et d'affecter leur somme du dénominateur commun. Si, en effet, on veut réunir en une seule les fractions $\frac{2}{7}$ et $\frac{4}{7}$, on remarquera qu'elles indiquent que l'unité étant divisée en sept parties égales, on en a pris deux pour former la première et quatre pour former la seconde ; leur somme se compose donc évidemment de six de ces mêmes parties et sera : $\frac{6}{7}$

2me Cas.— Si les fractions à ajouter n'ont pas le même dénominateur on les réduira d'abord au même dénominateur, d'après les règles des nos 77 ou 78, et on rentrera ainsi dans le 1er cas.

Exemple. $\frac{3}{7}+\frac{8}{5}=\frac{15}{35}+\frac{56}{35}=\frac{71}{35}$

81. — But de la Soustraction.

Le but général de cette opération est de chercher de combien d'unités ou de parties d'unités un nombre en surpasse un autre.

82. — Soustraction des fractions. — Deux cas.

1er Cas.— Si les fractions à soustraire ont le même dénominateur, on prouvera, par un raisonnement analogue à celui de l'Addition, qu'il suffit de soustraire le plus petit numérateur du plus grand et d'affecter leur différence du dénominateur commun.

Exemple. $\frac{6}{7}-\frac{4}{7}=\frac{2}{7}$

2me Cas.— Si les fractions proposées n'ont pas le même dénominateur, on ramène ce cas au précédent en les réduisant au même dénominateur ou au plus petit dénominateur commun.

1er Exemple. $\frac{4}{7}-\frac{2}{5}=\frac{20}{35}-\frac{14}{35}=\frac{6}{35}$

2me Exemple. $\frac{7}{12}-\frac{3}{8}=\frac{14}{24}-\frac{9}{24}=\frac{5}{24}$

83. — But de la Multiplication.

Multiplier un nombre quelconque (entier ou fractionnaire) par un nombre entier, c'est faire la somme d'autant de nombres égaux au premier qu'il y a d'unités dans le second.

Multiplier un nombre quelconque par une fraction, c'est le diviser en autant de parties égales qu'il y a d'unités dans le dénominateur de cette fraction et prendre autant de ces parties qu'il y a d'unités dans son numérateur.

En d'autres termes, multiplier un nombre par $\frac{2}{3}$, par $\frac{3}{4}$, par $\frac{5}{7}$, c'est en prendre les deux tiers, ou les trois quarts, ou les cinq septièmes.

84. — Multiplication des fractions. — Trois cas.

1er Cas.— Multiplication d'une fraction par un entier.

Si on veut, par exemple, multiplier $\frac{5}{9}$ par 3, on a vu, aux nos 72 et 73, qu'on rend une fraction trois fois plus grande, soit en rendant son numérateur trois fois plus grand, soit en rendant son dénominateur trois fois plus petit.— De là, deux procédés pour multiplier une fraction par un nombre entier; le premier, toujours applicable, consiste à multiplier le numérateur par le nombre entier; le deuxième consiste à diviser, quand cela est possible, le dénominateur par ce nombre entier.

Exemple.— $\frac{5}{9} \times 3 = \frac{15}{9} = \frac{5}{3}$

2me Cas.—Multiplication d'un nombre entier par une fraction.

Soit à multiplier 5 par $\frac{3}{8}$; d'après le no 83, cela revient à prendre les $\frac{3}{8}$ de 5. Or pour prendre le huitième de 5, nous remarquerons que l'unité vaut $\frac{8}{8}$, que 5 unités valent par suite $\frac{40}{8}$ et que la huitième partie de $\frac{40}{8}$ ou de 5 est la fraction $\frac{5}{8}$; pour avoir le produit cherché il faut donc multiplier cette dernière fraction par 3, ce qui donne $\frac{15}{8}$. De là, la règle suivante.

Pour multiplier un entier par une fraction, on multiplie l'entier par le numérateur et on affecte le produit du dénominateur de la fraction.

Remarquons que ce résultat reste le même si on intervertit les deux facteurs.

3me Cas.— Multiplication d'une fraction par une fraction.

Soit à multiplier $\frac{5}{7}$ par $\frac{3}{11}$. Cela revient à prendre les $\frac{3}{11}$ de

$\frac{5}{7}$, c'est-à-dire à diviser $\frac{5}{7}$ par 11 et multiplier le résultat par 3. Or, d'après le nº 73, on rend la fraction $\frac{5}{7}$ 11 fois plus petite en rendant son dénominateur 11 fois plus grand, ce qui donnera $\frac{5}{77}$; il faut maintenant multiplier cette fraction par 3, ce qui, d'après le nº 72, donnera $\frac{15}{77}$. De là, cette règle :

Pour multiplier deux fractions l'une par l'autre on multiplie les numérateurs entre eux et les dénominateurs entre eux.

Conséquence.— Il résulte immédiatement de cette règle que le produit de plusieurs facteurs fractionnaires ne change pas quand on les intervertit.

85. — Puissance d'une fraction. — Les puissances d'une fraction irréductible sont des fractions irréductibles.

D'après la règle de la multiplication des fractions, pour élever une fraction à une certaine puissance, il faut élever ses deux termes à cette puissance.

En second lieu, démontrons que si $\frac{a}{b}$ est une fraction irréductible, il en sera de même de $\frac{a^m}{b^m}$. En effet si a^m et b^m pouvaient avoir un facteur premier commun, ce facteur divisant a^m devrait diviser a, divisant b^m il devrait diviser b; divisant a et b, la fraction $\frac{a}{b}$ ne serait pas irréductible.

86. — But de la Division.

Le but général de la Division est de trouver un nombre qui, multiplié par le diviseur, reproduise le dividende.

87. — Division des fractions. — Trois cas.

1er Cas.—Division d'une fraction par un nombre entier.

D'après les nºs 72 et 73, on divisera une fraction par un nombre entier en multipliant son dénominateur par l'entier, ou en divisant, si cela est possible, son numérateur par cet entier.

EXEMPLE. — $\frac{12}{13} : 4 = \frac{3}{13} = \frac{12}{52}$

2me CAS.— Division d'un nombre entier par une fraction.

Soit à diviser 7 par $\frac{3}{5}$, c'est trouver un nombre qui, multiplié par $\frac{3}{5}$, reproduise 7, ou (no 83) c'est chercher un nombre dont les trois cinquièmes valent 7.

Puisque les $\frac{3}{5}$ de ce nombre valent 7, un seul cinquième de ce nombre vaudra 3 fois moins que 7 ou $\frac{7}{3}$:

$$\left(7 = \frac{21}{3} \text{ donc } 7 : 3 = \frac{7}{3}.\right)$$

Puisque $\frac{1}{5}$ du quotient cherché égale $\frac{7}{3}$, ce quotient sera 5 fois plus grand que $\frac{7}{3}$ ou $\frac{35}{3}$. On voit donc que pour diviser un nombre entier par une fraction, il faut multiplier l'entier par le dénominateur et diviser le produit par le numérateur ; en d'autres termes, il faut multiplier le nombre entier par la fraction diviseur renversée.

3me CAS.— Division d'une fraction par une fraction.

Par un raisonnement semblable à celui du 2me cas, on ferait voir que le quotient de 2 fractions s'obtient en multipliant la fraction dividende par la fraction diviseur renversée.

EXEMPLE. $\frac{5}{8} : \frac{3}{7} = \frac{5}{8} \times \frac{7}{3} = \frac{35}{24}$

La preuve de l'opération se fait en multipliant le diviseur par le quotient ; on doit retrouver le dividende.

88.— Nombre fractionnaire.

Nous appellerons nombre fractionnaire un nombre composé d'une partie entière jointe à une fraction.

EXEMPLE. $2 + \frac{3}{5}$, et $7 - \frac{4}{9}$

89. — Convertir un nombre fractionnaire en fractions.

Si l'on veut réduire en une fraction simple l'expression $5+\frac{3}{8}$, on remarquera que l'unité vaut $\frac{8}{8}$, par suite, que 5 unités valent $\frac{40}{8}$ et que le nombre fractionnaire $5+\frac{3}{8}=\frac{40}{8}+\frac{3}{8}=\frac{43}{8}$.
De là, la règle suivante :

Pour convertir un nombre fractionnaire en fraction on multiplie l'entier par le dénominateur, on joint le numérateur au produit et on affecte le résultat du dénominateur de la fraction.

Exemple. $2+\frac{3}{5}=\frac{13}{5}$, $7+\frac{4}{9}=\frac{59}{9}$

90. — Convertir une fraction plus grande que 1 en nombre fractionnaire, ou extraire les entiers d'une fraction.

Cherchons, par exemple, à convertir $\frac{45}{7}$ en nombre fractionnaire.

Cette fraction est plus grande que 1 et contient autant d'unités que $\frac{7}{7}$ est contenu dans $\frac{45}{7}$ ou que 7 est contenu dans 45.

En divisant 45 par 7 on trouve pour quotient 6 et pour reste 3. Or, si 45 unités contiennent 6 fois 7 unités avec un reste de 3 unités $\frac{45}{7}$ contiendra 6 fois $\frac{7}{7}$ avec un reste égal à $\frac{3}{7}$ ou $\frac{45}{7}=6+\frac{3}{7}$. De là, la règle suivante :

Pour convertir en nombre fractionnaire une fraction plus grande que 1, on divise le numérateur par le dénominateur ; le quotient sera la partie entière, et le reste divisé par ce dénominateur formera la partie fractionnaire.

91. — Des quatre opérations sur les nombres fractionnaires.

Les deux propositions précédentes permettent de ramener le calcul des nombres fractionnaires à celui des fractions. En effet, si on a à faire l'une des quatre opérations sur des nombres fractionnaires, on les réduira en fractions, par la règle du n° 89, on opérera sur ces fractions et on extraiera, si l'on veut, les entiers du résultat par la règle du n° 90.

Exemple. — Soit à multiplier $2 + \frac{3}{5}$ par $7 - \frac{5}{6}$, cela revient à multiplier $\frac{13}{5}$ par $\frac{37}{6}$ ce qui donne $\frac{481}{30} = 16 + \frac{1}{30}$

92. — Extension de la définition générale de la Division aux nombres entiers.

Diviser 33 par 7, par exemple, revient, d'après la définition générale, à trouver un nombre qui, multiplié par 7, reproduise 33. — Une expression de ce quotient est évidemment la fraction $\frac{33}{7}$; car cette fraction, multipliée par 7, donne pour produit 33.

Ce quotient $\frac{33}{7}$ peut (n° 90) se mettre sous la forme $4 + \frac{5}{7}$. D'après cela, on voit que le quotient *complet* de deux nombres entiers s'obtient en joignant au quotient obtenu par la règle de la division des nombres entiers, une fraction ayant pour numérateur le reste et pour dénominateur le diviseur.

DES NOMBRES DÉCIMAUX.

93. — Nombre décimal.

On appelle nombre décimal une fraction dont le dénominateur est une puissance de 10.

Exemple. — $\frac{37}{1000}$, $\frac{352}{100}$ etc.

94. — Autre manière d'écrire un nombre décimal.

Rappelons que la convention qui sert de base à la numération écrite consiste en ce qu'un chiffre placé à la gauche d'un autre représente des unités de l'ordre supérieur et, par suite, qu'un chiffre placé à la droite d'un autre représente des unités dix fois plus petites.

Si on étend cette convention aux chiffres que l'on pourrait écrire à droite de celui des unités, ces chiffres exprimeront des unités de dix en dix fois plus petites.—Le premier de ces chiffres exprimera donc des unités dix fois plus petites que les unités simples, c'est-à-dire, des dixièmes; le second chiffre exprimera des unités dix fois plus petites que les dixièmes, c'est-à-dire des centièmes et ainsi de suite ; les chiffres suivants représenteront des millièmes, des dix-millièmes, des cent-millièmes, etc. Il devient alors nécessaire d'indiquer par un signe la place du chiffre des unités simples : ce signe est une virgule qu'on place entre le chiffre des unités et celui des dixièmes. — Ceci posé, un nombre décimal quelconque $\frac{3548}{1000}$, par exemple, pourra s'écrire sous forme entière, en effet :

$$\frac{3548}{1000} = \frac{3000}{1000} + \frac{500}{1000} + \frac{40}{1000} + \frac{8}{1000}$$

$$= 3 + \frac{5}{10} + \frac{4}{100} + \frac{8}{1000} \text{ et}$$

d'après la convention précédente, = 3,548. De là, la règle suivante :

Règle. — Pour écrire un nombre décimal sous forme entière, on sépare par une virgule, sur la gauche du numérateur, autant de chiffres qu'il y a de zéros au dénominateur.

De cette règle on déduit immédiatement la règle inverse suivante :

Règle. — Pour écrire sous forme de fraction, un nombre décimal écrit sous forme entière, on supprime la virgule décimale et on prend pour dénominateur l'unité suivie d'autant de zéros qu'il y avait de chiffres décimaux au numérateur.

Remarque. — Si la partie entière est nulle on la remplace par un zéro.

Exemple. $\frac{32}{100} = 0{,}32$, $\frac{523}{100000} = 0{,}00523.$

95. — Enoncer un nombre décimal écrit.

On énonce la partie entière comme si elle était seule, puis la partie décimale comme si elle était un nombre entier en la faisant suivre du nom des dernières unités qu'elle représente.

Exemple. — 34,5248 s'énonce : trente-quatre unités, cinq mille deux cents quarante-huit dix-millièmes.

Il est souvent plus commode de partager la partie décimale en tranches de trois chiffres en partant de la virgule ; puis on énonce sucessivement chacune de ces tranches en se rappelant que la 1re exprime des millièmes, la deuxième des millionièmes la troisième des billionièmes, etc. — Si la dernière tranche, à droite, ne contenait pas trois chiffres on la compléterait par des zéros, ce qui, comme nous allons le voir, ne change pas la valeur du nombre décimal :

EXEMPLE. — 58,32756742, s'écrira :
58,327.567.420 et s'énoncera : 58 unités, 327 millièmes, 567 millionièmes, 420 billionièmes.

96. — Ecrire un nombre décimal énoncé.

On écrit d'abord la partie entière, à la droite on met une virgule; puis on écrit la partie décimale de manière que son dernier chiffre occupe le rang indiqué par l'ordre décimal énoncé : on y parvient en intercalant, s'il est nécessaire, des zéros entre la virgule et le premier des chiffres décimaux. Si, par exemple, on voulait écrire 52 unités, 17 millièmes, on aurait par la règle précédente : 52,017.

97. — Un nombre décimal ne change pas de valeur quand on écrit ou qu'on supprime des zéros à sa droite.

Comparons, par exemple, les deux nombres 52,83 et 52,830 ; mis sous forme de fraction. D'après la règle du no 94, ils deviennent $\frac{5283}{100}$ et $\frac{52830}{1000}$, et ces deux fractions ont la même valeur, puisque la seconde n'est autre chose que la première dont les deux termes ont été multipliés par 10. Puisqu'on ne change pas un nombre décimal en écrivant des zéros à sa droite, il en résulte immédiatement que sa valeur ne changera pas davantage si on en supprime.

98. — On multiplie ou on divise un nombre décimal par 10^n en transportant la virgule de n rangs vers la droite ou vers la gauche.

Considérons, par exemple, les deux nombres décimaux 5,3648 et 536,48 ; il est facile de reconnaître que le second est 100 fois plus grand que le premier. En effet, ces deux nombres mis sous forme de fractions deviennent : $\frac{53648}{10000}$ et $\frac{53648}{100}$; et la seconde fraction est 100 fois plus grande que la première, puisque son numérateur étant le même, son dénominateur est 100 fois plus petit.

99. — Addition des nombres décimaux.

On considère tous les nombres à ajouter, comme décomposés en unités, dizaines, centaines, etc., en dixièmes, centièmes, etc., et on réunit séparément les unités du même ordre pour faire ensuite un tout de ces sommes partielles. On est ainsi conduit à la règle suivante :

Règle générale. — On écrit les nombres à ajouter les uns au-dessous des autres de manière que les unités de même ordre et, par suite, les virgules se trouvent sur une même ligne verticale ; puis on opère comme s'il s'agissait d'ajouter des nombres entiers et on place au total une virgule après avoir additionné les dixièmes :

Exemple.

```
 52,6348
  0,73
154
  2,827
--------
210,1918
```

100. — Soustraction des nombres décimaux.

En raisonnant comme on l'a fait pour la soustraction des nombres entiers, on arrive facilement à la règle suivante.

Règle générale. — Après avoir mis à la droite de celui des deux nombres qui a le moins de décimales autant de zéros qu'il y en a en plus dans l'autre, de manière que le nombre des décimales soit le même de part et d'autre, on place le plus petit nombre sous le plus grand de manière que les unités de même ordre et, par suite, les virgules se correspondent ; puis on opère comme s'il s'agissait de nombres entiers, on place seulement au reste une virgule après avoir soustrait les dixièmes.

Exemple. — Si l'on veut soustraire 5,8347 de 43,638 on disposera ainsi le calcul :

```
43,6380
 5,8347
-------
37,8033
```

Remarque. — Les règles précédentes pour l'addition et la soustraction des nombres décimaux peuvent aussi se déduire des règles de l'addition et de la soustraction des fractions.

101. — Multiplication des nombres décimaux.

Soit à multiplier 3,52 par 4,7. — Cela revient à faire le produit des fractions $\frac{352}{100}$ par $\frac{47}{10}$, ce qui, d'après la règle connue, donne $\frac{352 \times 47}{1000}$ ou $\frac{16544}{1000}$: ce produit est encore un nombre décimal qui peut s'écrire sous forme entière (nº 94) et devient 16,544 ; de là, la règle suivante :

Règle. — Pour multiplier deux nombres décimaux l'un par l'autre, on opère, en faisant abstraction des virgules, et comme s'il s'agissait de nombres entiers et l'on sépare sur la droite du produit autant de décimales qu'il y en a dans les 2 facteurs.

Remarque. — Cette règle s'applique évidemment au cas où l'un des facteurs est entier.

102. — Division des nombres décimaux.

Nous considérerons deux cas, suivant que le nombre des décimales est le même ou différent dans le dividende et dans le diviseur.

1er Cas. — La division de 52,34 par 0,75, par exemple, revient à celle des fractions $\frac{5234}{100}$ et $\frac{75}{100}$, dont le quotient (nº 87) est : $\frac{5234 \times 100}{100 \times 75}$ ou, en simplifiant, $\frac{5234}{75}$; cette fraction ayant (nº 92) la même valeur que le quotient de 5234 par 75, on en conclue la règle suivante :

Règle. — Pour diviser l'un par l'autre deux nombres qui ont autant de décimales l'un que l'autre, on supprime les virgules et on opère comme sur des nombres entiers.

2me Cas. — Si le nombre des décimales n'est pas le même dans le dividende et dans le diviseur, on ramène ce second cas au premier en écrivant à la droite de celui des deux nombres qui a le moins autant de zéros qu'il y en a en plus dans l'autre.

Exemple. — La division de 4,748 par 3,7 revient à celle de 4,748 par 3,700 ou à celle des nombres entiers 4748 et 3700.

Remarque. — Cette règle s'applique évidemment au cas où l'un des nombres est entier ; on met alors à sa droite autant de zéros qu'il y a de décimales dans l'autre, puis on opère sans tenir compte des virgules.

103. — Calculer, à une unité près d'un ordre décimal donné, le quotient de deux nombres entiers ou décimaux.

La division de deux nombres décimaux se ramène, comme on vient de le voir, à celle des nombres entiers; il nous suffira donc de chercher la règle à suivre pour calculer le quotient de deux nombres entiers à moins de 0,1, ou 0,01, ou 0,001.

Supposons donc que l'on veuille trouver le quotient de 38 par 7 à 0,001 près, par exemple, c'est-à-dire qu'on veuille trouver un nombre qui diffère de moins de 0,001 de la valeur du quotient exact, ou de celle de la fraction $\frac{38}{7}$. Pour cela convertissons 38 en millièmes, nous aurons 38000 millièmes et au lieu de prendre la 7me partie de 38, prenons la 7me partie de 38000 millièmes : le quotient de 38000 par 7 étant compris entre 5428 et 5429 on en conclue que la 7me partie de 38000 millièmes ou le quotient de 38 par 7 est compris entre 5428 millièmes et 5429 millièmes, c'est-à-dire entre 5,428 et 5,429, et comme ces deux nombres diffèrent d'un millième, ils expriment tous deux le quotient de 38 par 7 à 0,001 près, l'un par *excès*, l'autre par *défaut*. De là, la règle suivante :

RÈGLE. — Pour trouver le quotient de deux nombres entiers à moins de $\frac{1}{10^n}$, on multiplie le dividende par 10^n, on divise le produit par le diviseur en calculant le quotient à une unité près, et on sépare n décimales sur la droite de ce quotient.

On se dispense habituellement d'écrire de suite tous les zéros à la droite du dividende : on les écrit successivement à la droite des restes obtenus. — On dispose ainsi l'opération :

$$\begin{array}{r|l} 38 & 7 \\ \cline{2-2} 30\ \ & 5,428 \\ 20\ & \\ 60 & \\ 4 & \end{array}$$

104. — Réduction d'une fraction ordinaire en décimales.

Réduire une fraction ordinaire en décimales, c'est trouver un nombre décimal égal à cette fraction ou qui n'en diffère que d'une quantité moindre que 0,1 ou 0,01, etc.

Comme une fraction ordinaire a la même valeur que le quotient de son numérateur par son dénominateur (nº 92), il en résulte que réduire une fraction ordinaire en décimales, c'est chercher, avec une approximation décimale donnée, le quotient de son numérateur par son dénominateur, d'après la règle du nº 103.

Exemple. $\frac{3}{7} = 0{,}42857$ à $0{,}00001$ près

$\frac{7}{8} = 0{,}875$ exactement.

105. — Si le dénominateur d'une fraction ordinaire irréductible ne renferme que les facteurs premiers, 2 ou 5, la fraction se réduira exactement en décimales. — Nombres des chiffres décimaux du quotient.

Soit $\frac{a}{b}$ une fraction ordinaire irréductible dont le dénominateur b ne renferme que les facteurs premiers 2 et 5, en se rappelant que, pour qu'une fraction irréductible puisse être égale à une autre fraction, il faut et il suffit que les deux termes de celle-ci soient des équimultiples des deux termes de la première, on concluera de là que pour que $\frac{a}{b}$ puisse être égale à un nombre décimal $\frac{A}{10^n}$, il faut et il suffit que 10^n soit un multiple de b, et par suite que les facteurs premiers de b se trouvent parmi ceux de 10^n. — Ces derniers étant 2^n et 5^n ; les facteurs de b ne peuvent être autres que 2 et 5, et cette condition est suffisante.

Donc, pour qu'une fraction irréductible puisse être réduite exactement en décimales, il faut et il suffit que son dénominateur ne renferme que les facteurs premiers, 2 ou 5, et le nombre des chiffres décimaux du quotient sera égal au plus grand exposant des facteurs, 2 ou 5, qui se trouve au dénominateur.

Exemple. $\frac{11}{16} = 0{,}7875$ $\quad 16 = 2^4$

$\frac{3}{125} = 0{,}024$ $\quad 125 = 5^3$

$\frac{7}{40} = 0{,}175$ $\quad 40 = 2^3 \times 5.$

106. — Si le dénominateur d'une fraction ordinaire irréductible renferme d'autres facteurs que 2 ou 5, elle ne peut être convertie exactement en décimales, et le quotient sera périodique.

Prenons pour exemple la fraction $\frac{7}{15}$ dont le dénominateur 15 contient les facteurs 5 et 3. Elle ne pourra être égale à un nombre décimal — puisque 10^n devrait être, dans ce cas, un multiple de 15 et, par conséquent, contenir le facteur 3, ce qui est impossible, puisque quelque grand que soit n, les facteurs de 10^n ne sont jamais que 2 et 5. En divisant donc 7 par 15, d'après la règle du n° 102 on n'arrivera jamais à un quotient exact ou à un reste nul.

Prouvons maintenant que ce quotient sera périodique.

En effet, aucun des restes obtenus dans cette division ne peut être nul, et tous ils doivent être plus petits que le diviseur 15, donc au bout de 15 divisions au plus on retombera sur un des restes précédemment obtenus : ce reste, suivi d'un zéro et divisé par le même diviseur 15, donnera au quotient un chiffre déjà obtenu et ainsi de suite ; les restes et les chiffres du quotient se reproduiront donc périodiquement.

70	15
100	0,466
100	
10	

on trouve ainsi :

$$\frac{7}{15} = 0,46666$$

107. — Fractions périodiques simples et mixtes.

On dit qu'une fraction décimale périodique est *simple* quand tous ses chiffres après la virgule se reproduisent périodiquement. Elle est *mixte* dans le cas contraire, c'est-à-dire lorsque entre la virgule et la première période il se trouve plusieurs chiffres non périodiques.

Les fractions $\frac{5}{7}$ et $\frac{7}{12}$ réduites en décimales nous donnent des exemples de ces deux espèces de quotient.

50	7
10	0,7142857..
30	
20	
60	
40	
50	
1	

70	12
100	0,5833...
40	
40	
4	

$\frac{5}{7} = 0,714285714...$ $\frac{7}{12} = 0,58333...$

108. — Étant donnée, une fraction périodique simple, trouver la fraction ordinaire qui, réduite en décimales, la reproduirait.

Considérons, par exemple, la fraction 0,676767.... Si dans cette suite indéfinie de chiffres on se borne à en prendre un certain nombre, 3, 4, 5..., après la virgule, les expressions 0,676 ou 0,6767 ou encore 0,67676 différeront de la fraction génératrice de quantités de plus en plus petites; on obtiendra donc la valeur de cette fraction génératrice en cherchant *la limite* vers laquelle on tend, à mesure que l'on prend un plus grand nombre de ces chiffres.

Appelons a la valeur approchée qu'on obtient en prenant, par exemple, trois périodes, on aura:

$$a = 0,676767 \text{ d'où on tire successivement:}$$
$$100\,a = 67,6767$$
$$99\,a = 67 - 0,000067$$
$$a = \frac{67}{99} - \frac{0,000067}{99}$$

Si au lieu de prendre 3 périodes on en avait pris 4, on aurait trouvé de même:

$a = \frac{67}{99} - \frac{0,00000067}{99}$. On voit donc que les valeurs approchées que l'on obtient en prenant de plus en plus de périodes, diffèrent de moins en moins de $\frac{67}{99}$; en d'autres termes, $\frac{67}{99}$ est la limite vers laquelle on tend, à mesure que l'on prend plus de périodes: c'est donc la valeur de la fraction génératrice. — De là, la règle suivante:

Règle. — La fraction génératrice d'une fraction décimale périodique simple a pour numérateur la période et pour dénominateur un nombre composé d'autant de 9 qu'il y a de chiffres dans la période.

Remarque. — Le dénominateur de la fraction génératrice d'une fraction périodique simple étant composé uniquement de chiffres 9, ne peut renfermer ni facteur 2 ni facteur 5, même lorsque la fraction a été réduite à sa plus simple expression.

109. — Étant donnée, une fraction périodique mixte, trouver la fraction génératrice.

Prenons pour exemple la fraction 0,43777 et appelons a la valeur approchée que l'on obtient en s'arrêtant, par exemple, à la troisième période, on aura successivement :

$$a = 0{,}43777$$
$$1000\,a = 437{,}77$$
$$100\,a = 43{,}777$$
$$900\,a = 437 - 43 - 0{,}007$$
$$a = \frac{437-43}{900} - \frac{0{,}007}{900}.$$

On reconnaîtra facilement que cette dernière partie $\frac{0{,}007}{900}$ serait devenue 10, 100, 1000 fois plus petite, si, au lieu de 3 périodes, on en avait pris 4, 5 ou 6 ; l'expression $\frac{437-43}{900}$ est donc la limite vers laquelle on tend, à mesure que l'on prend plus de périodes, c'est donc la fraction génératrice cherchée. — De là, la règle suivante :

Règle. — Pour trouver la fraction génératrice d'une fraction périodique mixte, on transporte la virgule successivement à droite, puis à gauche de la première période, on prend la différence des parties entières des nombres ainsi obtenus et on forme de cette manière le numérateur de la fraction cherchée ; son dénominateur est un nombre composé d'autant de 9 qu'il y a de chiffres dans la période, suivis d'autant de zéros qu'il y a de chiffres non périodiques.

Remarque. — Le numérateur de cette fraction génératrice ainsi formée ne peut jamais être terminé par un zéro, sans quoi le dernier chiffre de la période devrait être le même que le dernier chiffre non périodique et la période commencerait un chiffre plus tôt. Il résulte de là que, même après avoir réduit à sa plus simple expression cette fraction génératrice, son dénominateur doit encore renfermer l'un ou l'autre des facteurs 2 ou 5 avec un exposant égal au nombre des chiffres non périodiques ; cette conséquence se déduit de ce que le numérateur ne peut jamais être terminé par un zéro et ne peut renfermer à la fois un facteur 2 et un facteur 5; par suite, dans la simplification de cette fraction il restera au dénominateur soit tous les facteurs 2, soit tous les facteurs 5 qui s'y trouvaient primitivement.

110. — Etant donnée, une fraction ordinaire irréductible, reconnaître la nature du quotient qu'on obtient en la réduisant en décimales.

Il ne peut se présenter que trois cas : ou la fraction se réduit exactement en décimales, ou le quotient est périodique simple, ou il est périodique mixte.

1er Cas. — Si le dénominateur de la fraction proposée ne renferme que les facteurs 2 ou 5, on a démontré (no 104) que la fraction se réduisait exactement en décimales et on sait trouver d'avance le nombre des chiffres décimaux du quotient.

2me Cas. — Si le dénominateur de la fraction proposée ne renferme ni facteur 2 ni facteur 5, le quotient sera périodique simple.

En effet, ce quotient ne peut se terminer (no 105); il ne peut donc être que périodique simple ou mixte. — Or, il ne peut être périodique mixte, puisque la fraction génératrice de ce quotient étant réduite à sa plus simple expression, devrait être identique à la fraction proposée, et, d'après la remarque du no 108, cette fraction génératrice doit encore renfermer à son dénominateur des facteurs 2 ou 5, ce qui n'a pas lieu pour le dénominateur de la fraction proposée. — Ce quotient ne pouvant ni se terminer, ni être périodique mixte, est nécessairement périodique simple.

3me Cas. — Si le dénominateur de la fraction proposée renferme des facteurs 2 ou 5 combinés avec d'autres facteurs, le quotient sera périodique mixte. En effet, d'après le no 105, le quotient sera périodique, et d'après la remarque du no 107, il ne peut être périodique simple; car, si cela était, la fraction proposée devrait être identique à celle qu'on obtiendrait en réduisant à sa plus simple expression la fraction génératrice de ce quotient périodique simple, et le dénominateur de celle-ci ne renfermant aucun des facteurs 2 ou 5, ne saurait être égal à celui de la fraction proposée. — Le quotient sera donc périodique mixte, et il est évident que le nombre des chiffres non périodiques sera égal au plus grand exposant des facteurs 2 ou 5 contenus dans le dénominateur de la fraction proposée.

EXERCICES SUR LE 3me CHAPITRE.

1° Un poteau est partagé en 4 parties : la première est le tiers de la hauteur totale, la seconde en est le quart, la troisième en est les $\frac{2}{7}$, la quatrième partie est égale à $\frac{5}{11}$ de mètre; quelle est la hauteur du poteau ?

2° Par quel nombre faut-il multiplier 72 pour diminuer ce nombre de ses $\frac{5}{8}$?

3° Quel est le nombre dont les $\frac{5}{6}$ surpassent les $\frac{3}{4}$ de sept unités ?

4° Un bassin peut être rempli par deux robinets et vidé par une soupape ; le premier robinet coulant seul remplirait le bassin en $\frac{4}{5}$ d'heure, le deuxième le remplirait en $\frac{4}{3}$ d'heure; la soupape le viderait en 2 heures; le bassin étant vide, on ouvre la soupape et les deux robinets; dans combien de temps le bassin est-il rempli ?

5° Prouver qu'en ajoutant un même nombre aux deux termes d'une fraction, elle se rapproche de l'unité.

6° Quel nombre faut-il ajouter aux deux termes de la fraction $\frac{17}{57}$ pour que la nouvelle fraction diffère de 1 de moins d'un millième ?

7° La somme des numérateurs et celle des dénominateurs de plusieurs fractions forment une fraction dont la valeur est comprise entre la plus grande et la plus petite des fractions considérées.

8° La somme de deux fractions irréductibles, de dénominateurs différents, n'est jamais un nombre entier.

9° Dans quel cas la somme de trois fractions irréductibles peut-elle être un nombre entier ?

10° Démontrer qu'un nombre premier, p, est un diviseur de 10^n-1, n étant plus petit que p.

11° Condition pour qu'une fraction irréductible puisse être convertie en une fraction ayant pour dénominateur une puissance d'un nombre donné.

12° Montrer que dans le calcul de la fraction génératrice d'une fraction périodique, on peut prendre pour la partie périodique deux ou plusieurs périodes et que les fractions ainsi obtenues sont égales.

13° Quel est le nombre premier qui doit être le dénominateur d'une fraction irréductible, pour que, réduite en décimales, la période ait 2 chiffres ou 3 chiffres ou 4 chiffres?

14° Si on réduit en décimales deux fractions irréductibles de même dénominateur, les périodes auront le même nombre de chiffres.

CHAPITRE IV

SYSTÈME MÉTRIQUE. — MÉTHODE DE LA RÉDUCTION A L'UNITÉ. — INTÉRÊTS, ESCOMPTES, PARTAGES PROPORTIONNELS, ETC.

Système Métrique.

111. — Des six Unités principales.

On considère, dans le système métrique, six unités principales, savoir :

L'unité de longueur	*Le Mètre.*
— de superficie.	*L'Are.*
— de volume.	*Le Stère ou le Mètre cube.*
— de poids	*Le Gramme.*
— de capacité.	*Le Litre.*
— Monétaire..	*Le Franc.*

112. — Noms des multiples et subdivisions de ces unités.

Les multiples de ces unités sont de dix en dix fois plus grands, et on obtient leurs noms en faisant précéder le nom des unités principales par les mots : *déca*, *hecto*, *kilo*, *myria*, qui correspondent à 10, 100, 1000, 10000.

Les subdivisions sont de dix en dix fois plus petites; on obtient leurs noms en faisant précéder le nom des unités principales par les mots : *déci, centi, milli*, qui correspondent à

$$\frac{1}{10}, \quad \frac{1}{100}, \quad \frac{1}{1000}.$$

Toutes les locutions qui dérivent de cette règle n'ont pas été consacrées par l'usage.— Ainsi, dans la mesure des superficies, on n'emploie que les expressions : are, hectare, centiare.— Dans la mesure des capacités, on ne se sert que des expressions : litre, décalitre, hectolitre, décilitre et centilitre.— Enfin, pour les grandeurs monétaires, aucune des expressions indiquées par la règle n'est usitée ; les mots *décime* et *centime* expriment un dixième et un centième de franc.

113. — Du mètre, et comment les autres unités se déduisent du mètre.

1o Le *mètre* est la dix-millionième partie du quart du méridien terrestre.

2o L'*are* est la superficie d'un carré qui aurait 10 mètres de côté et qui vaudrait par conséquent 100 mètres carrés ; par suite, le centiare équivaut au mètre carré ; pour l'évaluation des petites surfaces on emploie de préférence le mètre carré.

3o Le *stère* est le volume d'un cube qui aurait un mètre de côté : cette locution n'est employée que dans la mesure des bois de chauffage ; l'évaluation des autres volumes se fait en mètres cubes.

4o Le *gramme* est le poids dans le vide d'un centimètre cube d'eau distillée à la température de 4o, qui est celle de son maximum de densité. Le gramme dérive donc du mètre, ainsi que les unités précédentes, puisqu'il suffit de connaître la longueur du mètre pour construire un vase cubique d'un centimètre de côté et pour déterminer le poids d'eau distillée qui y serait contenue.

5o Le *litre* est la capacité d'un décimètre cube, et, par suite, dérive immédiatement du mètre.

Remarquons que le litre ou décimètre cube vaut 1000 centimètres cubes, qu'un centimètre cube d'eau pèse 1 gramme et par suite qu'un litre d'eau pèse 1 kilogramme.

6o Le *franc* est une pièce d'argent pesant 5 grammes et renfermant $\frac{1}{10}$ d'alliage de cuivre. Le franc dérive donc du mètre par l'intermédiaire du gramme.

Remarque.— Parmi les autres unités fréquemment employées nous remarquerons :

1o La lieue qui vaut 4 kilomètres.
2o Le quintal métrique qui vaut 100 kilogrammes.
3o La tonne ou tonneau qui vaut 1,000 kilogrammes.

114. — Titre des monnaies de France.

Le titre d'un alliage, par rapport à l'un des métaux qui y entrent, est le quotient du poids de ce métal par le poids total de l'alliage. Le titre des monnaies d'or et d'argent, en France, par rapport au métal précieux, est 0,9 avec une tolérance de 0,003, c'est-à-dire que ce titre peut varier entre 0,897 et 0,903.

115. — Poids des monnaies de France.

Ces monnaies et leurs poids sont indiqués dans le tableau suivant :

OR.		ARGENT.		BRONZE.	
FRANCS	GRAMMES	FRANCS	GRAMMES	CENTIMES	GRAMMES
100	32,25805	5	25	10	10
50	16,12902	2	10	5	5
40	12,90322	1	5	2	2
20	6,45161	$\frac{1}{2}$	2,5	1	1
10	3,2258	$\frac{1}{5}$	1		
5	1,6129				

116. — Anciennes Mesures.

Parmi les anciennes unités, les principales sont :

1° *La Toise*, ou unité de longueur, se subdivisait en six *pieds;* le pied en douze *pouces,* et le pouce en douze *lignes.*

2° *La Livre poids* valait seize *onces ;* l'once, huit *gros,* et le gros valait soixante et douze *grains.*

3° *La Livre tournois* était l'unité monétaire ; elle se subdivisait en vingt *sous*, et le sou en douze *deniers.*

117. — Conversion des anciennes Mesures en nouvelles et réciproquement.

Cette opération peut se faire au moyen des tables de conversion qui donnent en nouvelles mesures la valeur des anciennes unités et de leurs subdivisions, de sorte que si l'on veut, par exemple, convertir en nouvelles mesures 3^{toises} 5^{pieds} 7^{pouces} 10^{lignes}, on cherchera dans ces tables la valeur de la toise, du pied, du pouce et de la ligne en mètres et subdivisions du mètre ; il suffira de multiplier la première de ces valeurs par 3, la seconde par 5, la troisième par 7 et la dernière par 10, et d'additionner ces quatre produits.

Ces conversions se font plus exactement au moyen des relations suivantes qu'il est utile de retenir :

10000000 de mètres valent 5130740 toises;

100 kilogrammes valent 204 livres poids;

80 francs valent 81 livres tournois.

Ces relations permettent de convertir les anciennes mesures en nouvelles ou les nouvelles en anciennes. Deux exemples suffiront pour faire comprendre la marche à suivre dans les questions de ce genre:

1er EXEMPLE. — Convertir 33livres 12sous 7deniers en nouvelles mesures.

En réduisant le tout en deniers on trouve facilement 8071 deniers. De la relation 80fr. = 81liv. nous déduirons successivement :

$$1 \text{ livre} = \frac{80}{81} \text{ de franc.}$$

$$1 \text{ sou} = \frac{80}{81 \times 20}$$

$$1 \text{ denier} = \frac{80}{81 \times 20 \times 12}$$

$$8071 \text{ deniers} = \frac{80 \times 8071}{81 \times 20 \times 12}$$

et en effectuant ce dernier calcul on trouve 33fr. 21cent. pour le résultat demandé, à un centime près.

2me EXEMPLE. — Convertir 33fr. 21 en anciennes mesures.

En opérant d'une manière analogue, on aura successivement :

$$80 \text{ francs} = 81 \text{ livres.}$$

$$1 \text{ franc} = \frac{81}{80}$$

$$1 \text{ centime} = \frac{81}{80 \times 100}$$

$$3321 \text{ centimes} = \frac{81 \times 3321}{80 \times 100}$$

En effectuant ce dernier calcul, il faut avoir soin de remarquer que la partie entière du quotient représente des livres tournois; que le reste correspondant doit être multiplié par 20, pour obtenir des sous au quotient, et que le reste suivant doit être multiplié par 12 pour avoir des deniers ; on trouve ainsi :

33fr.21 = 33livres 12sous 6deniers, à un denier près.

RÉSOLUTION DES PROBLÈMES PAR LA MÉTHODE DE LA RÉDUCTION A L'UNITÉ.

118. — Rapport de deux grandeurs de même espèce.

Le rapport de deux grandeurs de même espèce est le quotient des nombres qui expriment ces deux grandeurs mesurées au moyen de la même unité. Par exemple, deux longueurs évaluées en mètres valant l'une 3mètres et l'autre 5mètres, leur rapport sera le quotient de 3 par 5 ou la fraction $\frac{3}{5}$.

119. — Grandeurs directement proportionnelles.

On dit que deux grandeurs varient dans le même rapport ou sont directement proportionnelles, lorsqu'elles dépendent l'une de l'autre, de manière que si l'une devient un certain nombre de fois plus grande ou plus petite, l'autre devient le même nombre de fois plus grande ou plus petite.

Exemples. — Le salaire d'un ouvrier est directement proportionnel à la quantité d'ouvrage fait; le salaire est aussi directement proportionnel au temps pendant lequel l'ouvrier a travaillé.

L'intérêt que rapporte une somme d'argent placé est directement proportionnel à cette somme.

Dans un mouvement uniforme, l'espace parcouru est directement proportionnel au temps employé à le parcourir.

120. — Grandeurs inversement proportionnelles.

Deux grandeurs varient dans un rapport inverse ou sont inversement proportionnelles, lorsqu'elles dépendent l'une de l'autre, de manière que si l'une devient un certain nombre de fois plus grande ou plus petite, l'autre devient le même nombre de fois plus petite ou plus grande.

Exemple. — Le nombre d'ouvriers nécessaires pour faire un

certain ouvrage est inversement proportionnel au temps employé à faire cet ouvrage.

Le volume occupé par une même masse de gaz est inversement proportionnel à la pression qu'il supporte.

REMARQUE. — Quand deux grandeurs dépendent l'une de l'autre ou, suivant une locution usitée, sont *fonctions l'une de l'autre*, elles ne sont pas toujours directement ou inversement proportionnelles. Par exemple, l'espace parcouru par un corps qui tombe augmente avec la durée de la chute; mais si cette durée devient 2, 3 fois plus grande, l'espace parcouru deviendra 4 ou 9 fois plus grand: il est alors directement proportionnel au carré du temps employé à le parcourir. De même, le volume d'une sphère n'est pas directement proportionnel à son rayon, mais au cube de son rayon.

121. — Méthode de la réduction à l'unité.

Les problèmes que l'on peut résoudre par cette méthode sont ceux dans lesquels l'inconnue et les données de la question sont liées par des rapports directs ou inverses. Un exemple suffira pour indiquer la marche à suivre dans les questions de cette nature.

EXEMPLE. — 25 ouvriers travaillant 11 heures par jour, pendant 18 jours, ont élevé un mur dont les dimensions sont: Hauteur, 3m; longueur, 115m; épaisseur, 0m 50.

Combien faudra-t-il de jours à 32 ouvriers travaillant 10 heures par jour, pour élever un mur de 4m de hauteur, de 210m de longueur et de 0m 75 d'épaisseur?

On dispose le calcul de la manière suivante:

OUVRIERS	HEURES	JOURS	HAUTEUR	LONGUEUR	ÉPAISSEUR
25	11	18	3	115	0,50
32	10	x	4	210	0,75

Après avoir disposé les données sur deux lignes, comme l'indique le tableau précédent, on réduit à l'unité, dans la première ligne, toutes les quantités d'espèces différentes de l'inconnue; en d'autres termes, au moyen des données inscrites dans la première ligne, on cherche à résoudre la question suivante: Combien faut-il de jours à 1 ouvrier travaillant 1 heure par jour, pour faire un mur de 1 mètre de hauteur, 1 mètre de longueur et de 1 centimètre d'épaisseur?

On y parvient en faisant varier successivement chacune des données; ainsi l'on dira: puisque 25 ouvriers ont mis 18 jours pour élever ce mur, toutes choses égales d'ailleurs, un seul ouvrier mettrait 25 fois plus de jours, ou 18 × 25. Si cet ouvrier, au lieu de travailler 11 heures par jour, ne travaillait que pendant une heure, il mettrait encore 11 fois plus de jours, ou 18 × 25 × 11... et ainsi de suite. On trouverait ainsi pour la solution de la question intermédiaire que nous venons de nous poser :

$$\frac{18 \times 25 \times 11}{3 \times 115 \times 50}.$$

Cette première partie de la question étant résolue, on passe maintenant à la seconde ligne, et en faisant varier une à une les données, on arrive facilement à la solution du problème proposé.

Ainsi l'on dira : si au lieu d'un ouvrier, toutes choses égales d'ailleurs, il y en avait 32, ils mettraient 32 fois moins de jours, ou $\frac{18 \times 25 \times 11}{3 \times 115 \times 50 \times 32}$; de même, si ces ouvriers travaillaient 10 heures par jour, ils mettraient 10 fois moins de jours et ainsi de suite.

On arrive de cette manière à la valeur cherchée, $x = 56$ jours.

Remarque. — Il est très-utile, comme nous l'avons fait, d'indiquer, sans les effectuer, les opérations jusqu'à la fin, parce que la plupart du temps il se présente des simplifications à faire, c'est-à-dire des facteurs communs à supprimer aux deux termes de la fraction qui exprime le résultat.

DES INTÉRÊTS SIMPLES, ESCOMPTE.

122. — Définitions. — Problèmes sur les intérêts simples.

On appelle *intérêt* d'une somme d'argent le bénéfice exigé par celui qui la prête ; la somme prêtée s'appelle *capital*.

Le *taux* est l'intérêt de 100 francs pour un an.

On appelle *rente* l'intérêt que rapporte chaque année un capital prêté.

Tous les problèmes sur les intérêts simples peuvent se résoudre par la méthode de la réduction à l'unité.

1er Exemple. — Trouver l'intérêt de 5422 francs placés à

5 pour cent pendant 3 ans. On posera la question de la manière suivante :

100 francs rapportent 5 francs dans 1 an.
5422 francs rapporteront x — dans 3 ans.

En suivant la marche indiquée au nº 120, on trouvera facilement :

$$x = \frac{5 \times 5422 \times 3}{100} = 813 \text{ fr. } 30.$$

2me Exemple. — Pendant combien de temps faudrait-il placer 8240 francs à 4 pour 100, pour qu'ils rapportent 1648 francs. On disposera le calcul ainsi :

100 francs rapportent 4 francs dans un an.
8240 francs rapporteront 1648 francs dans x années.

En raisonnant, comme au nº 120, on trouvera ;

$$x = \frac{100 \times 1648}{8240 \times 4} = 5 \text{ ans.}$$

Remarque. — On peut avoir à résoudre quatre problèmes différents sur les intérêts simples, suivant que l'on prend pour inconnue le capital, le taux, le temps ou l'intérêt. — Ces quatre problèmes peuvent se résoudre tous par la méthode de la réduction à l'unité. On peut aussi les résoudre à l'aide de la *formule* suivante.

123. — Formule des intérêts simples.

On appelle *formule* la solution d'un problème résolu d'une manière générale, en représentant les données par des lettres.

Supposons que l'on veuille trouver l'intérêt d'un capital a placé pendant t années, le taux étant représenté par r.

Si nous raisonnons sur les quantités a, r, t, comme nous l'avons fait sur les données numériques du premier exemple du nº 121, nous trouverons en représentant par i l'intérêt cherché :

$$i = \frac{a \times r \times t}{100}.$$

Cette égalité est la formule des intérêts simples ; un des avantages de cette formule est d'indiquer, sous une forme concise, la marche à suivre pour trouver dans tous les cas l'intérêt d'un capital placé ; elle montre, en effet, que cet intérêt est toujours égal à la centième partie du produit du capital, par le taux et par le temps pendant lequel ce capital est placé.

En outre, cette formule peut encore donner la solution des

trois autres problèmes que l'on peut se poser sur les intérêts simples.

En effet, on en déduit facilement:

$$a = \frac{100 \times i}{r \times t}$$

$$r = \frac{100 \times i}{a \times t}$$

$$t = \frac{100 \times i}{a \times r}.$$

Et ces trois égalités indiquent la marche à suivre pour résoudre les problèmes dans lesquels l'inconnue serait le capital, ou le taux ou le temps.

124. — Escompte.

On appelle escompte la retenue faite sur le montant d'un billet que l'on veut toucher avant son échéance.

L'*escompte commercial* est, par convention, l'intérêt de la somme énoncée sur le billet, calculé pour le temps qui doit s'écouler jusqu'à son échéance. Le calcul de l'escompte n'est donc qu'un calcul d'intérêt.

Exemple. — Un billet de 3600 francs, payable le 25 décembre, est présenté à l'escompte le 12 mai de la même année; quel sera l'escompte, le taux étant à 4 pour 100?

Cette question revient à calculer l'intérêt à 4 pour 100 de 3600 francs, pendant les 227 jours qui séparent le 12 mai du 25 décembre:

Comme dans les maisons de banque on compte l'année de 360 jours, on trouvera facilement que cet escompte est égal à

$$\frac{3600 \times 4 \times 227}{360 \times 100} = 90 \text{ fr. } 80.$$

Remarque. — Dans ce genre d'escompte, la retenue n'est pas équitable. En effet, dans l'exemple précédent, le banquier retient les intérêts de 3600 francs, pendant 227 jours; or, le billet en question a, à l'époque du 12 mai, une certaine valeur qui, augmentée de ses intérêts pendant 227 jours, vaudrait 3600 francs: ce sont donc les intérêts de cette valeur moindre que 3600 francs que le banquier devrait retenir et non pas les intérêts de 3600 francs.

Pour trouver ce qu'il devrait équitablement retenir, nous dirons :

100 francs, au bout de 227 jours, vaudront tant en capital qu'intérêts ;

$$100 \text{ fr.} + \frac{4 \times 227}{360} \text{ ou } \frac{36908}{360.}$$

En d'autres termes, un billet de $\frac{36908 \text{ fr.}}{360}$ payable dans 227 jours, vaudrait actuellement 100 francs.

Donc, un billet de 1 franc, payable dans 227 jours, vaudrait actuellement $\frac{100 \times 360}{36908}$ et un billet de 3600 francs payable à la même époque, vaudrait :

$$\frac{100 \times 360 \times 3600}{36908} = 3511 \text{ fr. } 43.$$

Cette quantité est la somme que doit recevoir le porteur du billet, et l'escompte doit être 3600 — 3511,43 = 88 fr. 57 et non 90 fr. 80, qui est l'escompte commercial trouvé précédemment.

PARTAGES PROPORTIONNELS

125. — Partager un nombre en parties proportionnelles à des nombres donnés.

On dit que des nombres a, b, c sont proportionnels à d'autres nombres a', b', c', lorsque les quotients $\frac{a}{a'}$, $\frac{b}{b'}$ et $\frac{c}{c'}$ sont égaux.

Il résulte de cette définition que si l'on veut partager 60 en 3 parties proportionnelles à des nombres donnés 3, 5, 7, il faut que le tiers de la première partie soit égal au cinquième de la deuxième et aussi au septième de la troisième partie. Ces 3 parties doivent donc avoir une commune mesure comprise 3 fois dans la première, 5 fois dans la deuxième et 7 fois dans la troisième ; cette commune mesure sera donc comprise dans la somme 60, 3 + 5 + 7 ou 15 fois.

Cette commune mesure est donc : $\frac{60}{15} = 4$, et par suite les nombres cherchés sont :

$$4 \times 3 = 12$$
$$4 \times 5 = 20$$
$$4 \times 7 = 28$$
$$\overline{60.}$$

126. — Règles de société.

Les questions connues sous le nom de règles de société, consistent à répartir entre plusieurs associés ayant mis des capitaux en commun, un bénéfice ou une perte faite par cette société.

La question revient donc à la précédente, c'est-à-dire à partager la perte ou le bénéfice proportionnellement aux mises.

Il y a cependant deux cas à considérer, suivant que tous les associés ont mis leurs fonds dans la société à la même époque, ou si les fonds des divers associés ne sont pas tous restés dans la société pendant le même temps ; un exemple de chacun de ces cas suffira pour indiquer la marche à suivre.

1er Cas. — 3 associés ont mis en commun, l'un 3000 francs, l'autre 750 francs et le troisième 1880 francs ; ils ont réalisé un bénéfice de 740 francs. On demande ce qui revient à chacun d'eux ?

Pour résoudre cette question, il faut partager 740 francs en parties proportionnelles à 3000, 750 et 1880. — En raisonnant, comme au n° 124, on trouvera :

$$1^{re} \text{ part} = \frac{740}{5630} \times 3000 = 394{,}31, \text{ à un centime près.}$$

$$2^{me} \text{ part} = \frac{740}{5630} \times 750 = 98{,}57 \quad \text{—}$$

$$3^{me} \text{ part} = \frac{740}{5630} \times 1880 = 247{,}10 \quad \text{—}$$

Vérification.... 739,98.

Remarque. — On aurait pu arriver au même résultat en raisonnant de la manière suivante : Si une seule personne avait mis dans cette entreprise autant que les 3 associés, c'est-à-dire 5630 francs, elle aurait seule réalisé le bénéfice de 740 francs; si donc 5630 francs ont rapporté 740 francs, 1 franc rapporterait $\frac{740}{5630}$ et, par suite, 3000 francs, 750 francs; 1880 rapporteront respectivement :

$$\frac{740}{5630} \times 3000, \quad \frac{740}{5630} \times 750, \quad \frac{740}{5630} \times 1880.$$

Ce qui conduit au même résultat que précédemment.

2me Cas. — 4 associés ont mis en commun :

Le 1er 800 francs pendant 3 mois ou 90 jours,
Le 2me 500 francs pendant un mois et demi ou 45 jours,
Le 3me 1200 francs pendant 58 jours,
Le 4me 700 francs pendant 128 jours;

La société a fait une perte de 240 francs; comment doit-elle être répartie? — On ramène ce problème au précédent, de la manière suivante :

800	fr. pend	90 j.	sont comme	$800 \times 90 = 72000$	fr. pend. 1 j.
500	—	45	—	$500 \times 45 = 22500$	
1200	—	58	—	$1200 \times 58 = 69600$	
700	—	128	—	$700 \times 128 = 89600$	

Il suffit donc maintenant de partager 240 francs en parties proportionnelles à 72000, 22500, 69600 et 89600, ou, ce qui revient au même, proportionnelles aux nombres 720, 225, 696 et 896; on trouve ainsi pour les 4 parts :

1re part =	9,14	à un centime près.
2me part =	28,58	—
3me part =	88,42	—
4me part =	113,83	—
Vérification....	239,97.	

127. — Règles de mélange et l'alliage.

1er Problème. — On mélange 80 litres de vin à 0 fr. 90 le litre, avec 108 litres de vin à 0 fr. 75 le litre; quel sera le prix du litre du mélange?

80 litres de vin à 0,90 valent 72 fr.
108 litres de vin à 0,75 valent 81

188 litres du mélange valent 153 fr.

1 litre du mélange vaut $\frac{153}{188}$ ou 0 fr. 81 c., à un centime près.

2me PROBLÈME. — Dans quelle proportion faut-il mélanger du vin à 0 fr. 90 le litre et du vin à 0 fr. 72 le litre, pour que le prix du litre de ce mélange soit 0 fr. 80?

Pour chaque litre de la première qualité on perd 0 fr. 10 en le vendant 0 fr. 80; pour chaque litre de la deuxième qualité on gagne 0 fr. 08 en le vendant 0 fr. 80. — Si donc on prend 8 litres de la première qualité pour 10 litres de la seconde, il y aura compensation, puisque la perte et le gain seront tous deux égaux à $0{,}8 \times 10 = 8$ fr.

REMARQUE. — Si on voulait un hectolitre de ce mélange, il faudrait partager 100 en parties proportionnelles à 8 et à 10, ce qui donnerait 44litres 44 de la première qualité et 55litres 55 de la seconde.

3me PROBLÈME. — On fait un alliage de 80 grammes d'argent au titre de 0,90 et de 108 grammes d'argent au titre de 0,75; on demande le titre de cet alliage? En se rappelant la définition du titre (no 114), on dira:

80 gr. d'arg. au titre de 0,90 renferment 72 gr. d'arg. fin,
108 gr. d'arg. au titre de 0,75 renferment 81 gr. d'arg. fin,

188 grammes d'alliage renferment 153 gr. d'arg. fin.

Le titre de l'alliage est donc $\frac{153}{188} = 0{,}813$ à un millième près.

4me PROBLÈME. — Dans quelle proportion faut-il allier de l'or au titre de 0,90 et de l'or au titre de 0,72, pour que le titre de l'alliage soit de 0,80?

Pour chaque gramme du premier lingot il y a de trop 0gr. 10 d'or fin,

Pour chaque gramme du deuxième lingot il y a en moins 0gr. 08 d'or fin.

Si donc on prend 8 grammes du premier lingot, pour 10 grammes du second il y aura compensation.

REMARQUE. — Si on voulait former 100 grammes de cet alliage, il suffirait de partager 100 en parties proportionnelles à 8 et à 10.

EXERCICES SUR LE 4me CHAPITRE.

1o Le mètre vaut 443 lignes 296, le pied de Prusse vaut 139lignes 13; trouver la valeur du pied de Prusse en subdivisions du mètre.

2o La guinée d'or anglaise, du poids de 8grammes 38, est

au titre de 0,917; on demande sa valeur en francs, sachant que l'or monnayé en France vaut 15 fois et demi son poids d'argent?

3o On a deux lingots d'argent, l'un au titre de 0,950, l'autre au titre de 0,800; combien faut-il prendre de chacun d'eux pour former un lingot dont on puisse faire 120000 francs d'argent monnayé?

4o Dans quelle proportion faut-il allier du cuivre à de l'argent au titre de 0,960, pour que le titre s'abaisse à 0,930?

5o L'alliage des cloches est de 80 parties de cuivre, pour 20 d'étain; combien faut-il prendre de chacun de ces métaux pour fondre une cloche de 15,000 kilogrammes?

6o L'or à poids égaux vaut 15,5 fois plus que l'argent; quel est le poids de la pièce de 20 francs?

7o Dans combien de temps un capital de 48000 francs vaudra-t-il 591696 fr. 75, les intérêts étant simples et le taux 6 pour cent?

8o Le nombre des vibrations transversales qu'une corde tendue exécute dans l'unité de temps, est proportionnel à la racine carrée du poids qui la tend et inversement proportionnel à sa longueur, à son diamètre et à la racine carrée de sa densité; cela posé:

Une corde en cuivre ayant 0m. 363 de longueur, 0m. 0015 de diamètre et tendue par un poids de 13kil. 35, exécute 1999 vibrations par seconde; on demande combien de vibrations exécutera une corde de platine de 0m. 832 de longueur, de 0m. 00025 de diamètre, tendue par un poids de 4kil. 49, la densité du cuivre étant 8,8, celle du platine 21,5?

9o Combien y a-t-il d'or fin dans 5580 francs en pièces de 20 francs? (la pièce de 20 francs pèse 6gr. 45161.)

10o Un billet de a francs est payable dans t jours, le taux est r; établir les formules des deux escomptes.

11o Un arc de 97o 21' 47", 2 a une longueur de 23 mètres; quelle est, en degrés, minutes et secondes, la longueur du mètre?

12o On a deux cadrans, l'un décimal, l'autre duodécimal; trouver l'heure indiquée par le premier, quand le second marque 2h. 15m. 20s.
Dans la division décimale, l'heure vaut 100 minutes et la minute, 100 secondes.

13o Un père interrogé sur l'âge de son fils, répond: mon âge est le triple de celui de mon fils et il y a 10 ans il en était le quintuple; quels sont ces deux âges?

14o Payer 76 francs avec 23 pièces de 5 francs ou de 2 francs.

15° Les bénéfices d'une mine de houille se partagent chaque année en 20 actions appartenant à deux frères : l'aîné a 11 actions et le plus jeune, 10 ; en mourant, l'aîné laisse 16 enfants et le plus jeune, 13 ; deux parts d'héritages sont en vente, une dans chaque succession ; la mise à prix est la même ; laquelle doit-on préférer ?

16° Une machine à vapeur dépense 1545kil. de charbon en 70 jours ; une modification apportée à la machine réduit la dépense à 554kil. en 37 jours ; quelle est l'économie annuelle due à ce perfectionnement, sachant que la machine fonctionne 330 jours par an, et que 100 kilogrammes de charbon coûtent 3fr. 75 ?

17° Les frais nécessaires pour extraire le cuivre d'un quintal de minerai s'élèvent à 5fr. 75 ; on a acheté, à raison de 18fr. le quintal, du minerai de cuivre renfermant 12 pour cent de cuivre ; le cuivre perdu dans l'opération est les 0,02 de celui que le minerai contient ; à quel prix revient le quintal de cuivre ?

18° Deux stations A et B sont distantes de 225 kilomètres ; les 100kil. de charbon coûtent en A 3fr. 75 et en B 4fr. 25 ; on demande à quelle distance de B serait le point de la ligne A B où le charbon coûterait le même prix, qu'il vienne de A ou de B, sachant que le prix du transport est de 0fr. 08 par tonne et par kilomètre ; montrer que ce point est celui de la ligne A B où le charbon coûte le plus cher.

19° Quatre négociants ont mis des fonds en commun :

Le premier a mis 25000fr. 25, et 6 mois après il a ajouté 3429fr. 17 ;

Le deuxième a mis 30322fr. 70, et 8 mois après il a retiré 10612fr. 28 ;

Le troisième a mis 18474fr. 13, et 10 mois après il a retiré 5424fr. 18 ;

Le quatrième a mis 39000fr., et au bout de 3 mois il a ajouté 5319fr. 27 ;

L'entreprise a duré 2 ans et a produit 63927fr. 85 de bénéfice ; combien revient-il à chaque associé ?

20° Deux mobiles parcourent une circonférence, d'un mouvement uniforme, dans le même sens, et partent du même point. Le premier fait un tour entier en 27jours 32166 ; le second fait un tour entier en 365jours 25638 ; on demande dans combien de jours aura lieu la première rencontre ?

21° Partager 88° 21' 13" en parties proportionnelles aux nombres 3,2 5,3 et 8,5.

RACINES CARRÉES ET CUBIQUES.

128. — Carré et racine carrée d'un nombre.

Le carré d'un nombre est le produit de ce nombre par lui-même.

49 est le carré de 7 ; $\frac{16}{25}$ le carré de $\frac{4}{5}$; 0,36, celui de 0,6.

La racine carrée d'un nombre qui est un carré parfait, est le nombre qui, élevé au carré, reproduit le premier. 7 est la racine carrée de 49 ; 0,6 celle de 0,36.

Si un nombre n'est pas un carré parfait, il n'y a pas de nombre entier ou fractionnaire qui, élevé au carré, puisse reproduire un pareil nombre. En effet, considérons 23, par exemple, qui n'est pas un carré : il n'y a évidemment pas de nombre entier dont le carré soit égal à 23 ; en outre, le carré d'aucune fraction ne peut être égal à 23 ; car, supposons que $\frac{a}{b}$ étant une fraction irréductible, on puisse avoir $\frac{a^2}{b^2} = 23$.

D'après le nº 85, $\frac{a^2}{b^2}$ est aussi une fraction irréductible qui ne saurait être égale à un nombre entier.

Nous définirons, de la manière suivante, l'extraction de la racine carrée d'un nombre qui n'est pas un carré parfait ; extraire la racine carrée d'un pareil nombre à moins d'une unité, d'un dixième, d'un centième, etc., revient à trouver deux nombres qui diffèrent d'une unité, d'un dixième ou d'un centième, et dont les carrés comprennent entre eux le nombre proposé :

EXEMPLE. — 4 et 5 expriment tous deux, à une unité près, la racine carrée de 23, le premier par défaut et le deuxième par excès.

129. — Signe de l'opération.

Cette opération s'indique par le signe $\sqrt{}$ que l'on appelle *radical*.

EXEMPLE : $\sqrt{64} = 8$.

130.— Carré de la somme de deux nombres.

Le carré de la somme de deux nombres se compose de trois parties, savoir : 1º le carré du premier nombre, 2º le carré du second, 3° deux fois le produit du premier par le second.

Démontrons, par exemple, que

$$(5 + 7)^2 = 5^2 + 7^2 + 2 \times 5 \times 7.$$

En effet, pour faire le carré de 5 + 7 il faut le multiplier par lui-même, c'est-à-dire répéter le nombre 5 fois plus 7 fois; pour le répéter 5 fois on l'écrira 4 fois au-dessous de lui-même et on fera l'addition suivante :

$$\begin{array}{c} 5 + 7 \\ 5 + 7 \\ 5 + 7 \\ 5 + 7 \\ 5 + 7 \\ \hline 5 \times 5 + 7 \times 5. \end{array}$$

De même, en faisant la somme de 7 nombres égaux à 5 + 7. on trouverait $7 \times 5 + 7 \times 7$, et en réunissant ces deux sommes on trouvera $(5 + 7)^2 = 5^2 + 7^2 + 2 \times 5 \times 7$. Ce qu'il fallait démontrer.

Conséquence première.— Le carré d'un nombre plus grand que 10 peut se décomposer en trois parties: 1° le carré des dizaines, 2° le carré des unités, 3° deux fois le produit des dizaines par les unités. En effet, par exemple,

$$37^2 = (30 + 7)^2 = 30^2 + 7^2 + 2 \times 30 \times 7.$$

Conséquence deuxième.— La différence entre les carrés de deux nombres consécutifs est égale au double du plus petit nombre augmenté d'une unité. En effet, soient a et $a + 1$, deux nombres consécutifs, on a, d'après la proposition précédente, $(a + 1)^2 = a^2 + 1^2 + 2 \times a \times 1 = a^2 + 1 + 2 \times a$. Le carré de $a + 1$ surpasse donc celui de a de $2 \times a + 1$. Ce qu'il fallait démontrer.

131. — Carré et racine carrée d'un produit.

On obtient le carré d'un produit $a \times b \times c \times d$, en élevant chacun des facteurs au carré. En effet :

$$(a \times b \times c \times d)^2 = a \times b \times c \times d \times a \times b \times c \times d$$

ou en intervertissant les facteurs :

$$= a \times a \times b \times b \times c \times c \times d \times d$$
$$= a^2 \times b^2 \times c^2 \times d^2.$$

Il résulte immédiatement de là qu'on obtiendra la racine carrée d'un produit dont tous les facteurs sont des carrés, en extrayant la racine de chacun des facteurs.

Ainsi : $\sqrt{4 \times 9} = 2 \times 3 = 6$.

132. — Carré et racine carrée d'une fraction.

Le carré d'une fraction s'obtient en élevant ses deux termes au carré : cela résulte de la règle de la multiplication des fractions.

$$\left(\frac{a}{b}\right)^2 = \frac{a}{b} \times \frac{a}{b} = \frac{a^2}{b^2}.$$

Il résulte de là qu'on obtient la racine carrée d'une fraction dont les deux termes sont des carrés, en extrayant la racine de chacun de ces termes.

EXEMPLE. $\sqrt{\frac{16}{81}} = \frac{4}{9}$.

133. — Extraction de la racine carrée d'un nombre entier à une unité près.

D'après la définition donnée au nº 128, extraire à une unité près la racine carrée d'un nombre revient à trouver deux nombres qui diffèrent d'une unité et dont les carrés comprennent le nombre proposé. Nous considérons deux cas, suivant que le nombre proposé est plus petit que 100 ou plus grand que 100

1er CAS. — Dans le cas où le nombre est plus petit que 100, on trouve la racine au moyen de la table suivante qui contient les carrés des dix premiers nombres :

1	2	3	4	5	6	7	8	9	10
1	4	9	16	25	36	49	64	81	100.

Si on veut, par exemple, la racine de 57, on voit immédiatement que 57 tombe entre 49 et 64 et par suite que 7 et 8 expriment, à une unité près, la racine de 57; l'un par excès, l'autre par défaut.

2me CAS. — Le nombre donné est plus grand que 100.

Pour établir la marche à suivre dans ce cas, nous allons d'abord démontrer la proposition suivante : *Si on extrait, à une unité près, par défaut, la racine du nombre formé par les centaines du nombre proposé, on obtient exactement les dizaines de la racine.*

Considérons, par exemple, le nombre 522457 et démontrons que la racine de 5224 exprime les dizaines de la racine. En effet, soit a, cette racine par défaut, on aura :

$a^2 < 5224 < (a+1)^2$; en multipliant ces trois nombres par 100, on a : $100 \times a^2 < 522400 < (a+1)^2 \times 100$.

Ces trois derniers nombres diffèrent au moins d'une centaine, puisque les précédents différaient au moins d'une unité ; si donc on augmente le nombre intermédiaire d'une quantité 57 plus petite que 100, il restera toujours compris entre les deux autres et l'on aura encore :

$$100 \times a^2 < 522457 < (a+1)^2 \times 100.$$

Les deux nombres $a \times 10$ et $(a+1) \times 10$ expriment donc, à une dizaine près, la racine de 522457, et par suite a est le nombre de dizaines de cette racine.

Ceci posé, revenons à l'extraction, à une unité près, de la racine de 522457. D'après le lemme précédent, on obtient les dizaines de la racine en extrayant, à une unité près, par défaut, la racine de 5224 ; mais d'après le même lemme, en extrayant la racine de 52, on aura les dizaines de la racine de 5224 et par suite les centaines de celle de 522457.

Or, en opérant comme au 1er cas, on trouve $\sqrt{52} = 7$. Remarquons maintenant que dans 5224 doivent se trouver : 1° le carré des 7 dizaines de sa racine ou 4900; 2° deux fois le produit des 7 dizaines par les unités ; 3° le carré des unités et en outre le reste de l'opération, s'il y en a un ; on conclue de là que si on retranche de 5224 la 1re de ces parties ou 4900, ce qui revient à retrancher 49 de 52 et à abaisser 24 à la droite du reste, le résultat 324 ainsi obtenu ne contiendra plus que les deux dernières parties et le reste de l'opération ; or, la seconde partie est égale au produit de 140 par le chiffre des unités encore inconnu ; ce produit devant se trouver dans 324, on peut affirmer que le produit de 14 par le chiffre des unités doit se trouver dans 32, et par suite qu'en divisant 32 par 14 on aura ce chiffre des unités ou un chiffre trop fort. On trouve ainsi que ce quotient est 2 ; pour vérifier si la racine de 5224 est bien 72, on pourrait former le carré de 72 et voir si on peut le soustraire de 5224, ou, ce qui revient au même, former les deux dernières parties de ce carré et les soustraire de 324. Ces deux dernières parties étant 140×2 pour la première et 2×2 pour la seconde, on obtiendra leur somme en multipliant 142 par 2; le produit 284 peut se retrancher de 324; ce qui prouve que la racine de 5224, est bien 72, et le reste 40 est le même que celui qu'on aurait obtenu en soustrayant de 5224 le carré de 72.

On a ainsi trouvé que 72 est la racine, à une unité près, de 5224 et par suite qu'il y a 72 dizaines dans la racine de 522457 ; or, dans ce dernier nombre doivent se trouver encore 3 parties, savoir : le carré des 72 dizaines de sa racine ou le carré de 720; deux fois le produit de 720 par le chiffre des unités ; le carré des unités et le reste de l'opération. On peut former la première de ces parties ou le carré de 720 et la soustraire de 522457, ce qui revient à soustraire $\overline{72}^2$ de 5224 et à placer 57 à la droite du reste 40; on a ainsi pour reste 4057. En raisonnant comme précédemment, on sera conduit à diviser 405 par le double de 72 ou 144 et on aura ainsi le chiffre des unités ou un chiffre trop fort; on vérifiera ce quotient 2 en le plaçant encore à la droite du diviseur 144 et en soustrayant le produit de 1442 par 2 de 4057. Si cette soustraction est possible, le chiffre 2 est bien le chiffre des unités; sinon, on diminuerait successivement ce chiffre de une ou plusieurs unités, jusqu'à ce qu'on arrive à une soustraction possible; on trouve ainsi que 722 est la racine, à une unité près, de 522457, et que le reste de l'opération est 1173. On dispose l'opération de la manière suivante:

52.24.57	722
32.4	142
405.7	1442
11 73	

Règle générale. — On sépare le nombre en tranches de deux chiffres à partir de la droite; on extrait, à une unité près, par défaut la racine de la dernière tranche à gauche; on obtient ainsi le chiffre des plus hautes unités de la racine; on forme le carré de ce chiffre et on le soustrait de la dernière tranche à gauche.

A la droite du reste on abaisse la tranche suivante, on sépare le dernier chiffre à droite du nombre ainsi obtenu et on divise ce qui reste à gauche par le double du chiffre obtenu à la racine; le quotient sera le second chiffre de la racine ou un chiffre trop fort, on le vérifie en le plaçant à la droite du diviseur; multipliant le nombre ainsi obtenu par ce même chiffre et soustrayant le produit du dividende correspondant, y compris le chiffre séparé sur sa gauche; si la soustraction est possible, le chiffre mis à la racine est bon; sinon, on essaie de la même manière le chiffre inférieur d'une unité, et ainsi de suite jusqu'à ce qu'on arrive à une soustraction possible.

A la droite du reste on abaisse la tranche suivante et on continue de la même manière en prenant toujours pour diviseur le double de la partie obtenue à la racine; l'opération est terminée quand on a abaissé toutes les tranches du nombre proposé.

134. — Chacun des restes obtenus dans l'extraction de la racine carrée d'un nombre entier est au plus égal au double de la partie obtenue à la racine.

Si on considère les différents restes obtenus dans l'extraction de la racine de 522457, on reconnaît facilement que :

Le 1er reste $3 = 52 - 7^2$
Le 2me reste $40 = 5224 - \overline{72}^2$
Le 3me reste $1173 = 522457 - \overline{722}^2$

Chacun de ces restes doit être au plus égal au double de la partie obtenue à la racine, car si le second reste, par exemple, pouvait surpasser 2×72, il en résulterait que de 5224 on pourrait soustraire le carré de 73 qui, d'après la 2me conséquence du no 130, surpasse celui de 72 de $2 \times 72 + 1$. Le chiffre 2, mis à la racine, serait donc trop faible et 72 ne serait pas, à une unité près, la racine de 5224.

135. — Extraction de la racine carrée d'un nombre entier, fractionnaire ou décimal, à moins d'une unité d'un ordre décimal donné.

Supposons que l'on demande la racine, à 0,01 près, d'un nombre N entier, fractionnaire ou décimal ; cette opération revient (128) à trouver deux nombres $\frac{x}{100}$ et $\frac{x+1}{100}$ qui diffèrent de $\frac{1}{100}$ et dont les carrés comprennent N. On doit donc avoir :

$$\frac{x^2}{100^2} < N < \frac{(x+1)^2}{100^2}$$

En multipliant ces trois nombres par le carré de 100 ou 10000, on aura :

$$x^2 < N \times 10000 < (x+1)^2$$

L'opération revient donc à trouver deux nombres entiers consécutifs x et $x + 1$ dont les carrés comprennent $N \times 10000$, ou, d'après la définition du no 128, l'opération revient à extraire, à une unité près, la racine de $N \times 10000$. Si ce produit est entier, on sait effectuer cette opération (no 133), et il suffit, quand on aura ainsi calculé x, de diviser cette racine par 100 pour avoir la racine cherchée.

Supposons donc que $N \times 10000$ soit un nombre fractionnaire composé d'une partie entière B et d'une partie fractionnaire b plus petite que 1. Nous allons démontrer que pour extraire, à une unité près, la racine de $B + b$, il suffit d'extraire la racine de la partie entière B, en négligeant la partie fractionnaire ; en effet, soit a la racine de B, à une unité près, par défaut, on a :

$$a^2 < B < (a+1)^2.$$

Les trois nombres a^2, B et $(a+1)^2$ étant trois nombres entiers, le nombre intermédiaire B diffère au moins d'une unité du plus grand nombre $(a+1)^2$; si donc on augmente ce nombre intermédiaire B, d'une quantité b plus petite que 1, $B+b$ sera compris entre a^2 et $(a+1)^2$, et par suite les deux nombres a et $a+1$ exprimeront encore la racine, à une unité près, de $B+b$ ou de $N \times 10000$. De là, la règle suivante :

Règle générale. — Pour extraire à moins de $\frac{1}{10}$, $\frac{1}{100}$, $\frac{1}{1000}$ etc., la racine carrée d'un nombre quelconque, on le multiplie par le carré de 10, de 100 ou de 1000, on extrait, à une unité près, la racine de la partie entière du produit : cette racine divisée par 10, 100 ou 1000 sera la racine cherchée.

1er Exemple. — Calculer $\sqrt{2}$ à $\frac{1}{100}$ près.

2.00.00	141
1 0.0	24
40.0	281
11 9	

$$\sqrt{2} = 1{,}41 \text{ à } \frac{1}{100} \text{ près.}$$

2me Exemple. — Calculer $\sqrt{3{,}14159265}$ à $\frac{1}{1000}$ près.

3.14.15.92	1772
21.4	27
2 51.5	347
869.2	3542
160.8	

$$\sqrt{3{,}14159265} = 1{,}772 \text{ à } \frac{1}{1000} \text{ près.}$$

3me Exemple. — Calculer $\sqrt{\frac{33}{7}}$ à $\frac{1}{10}$ près.

D'après la règle précédente, on a :

$$\frac{33}{7} \times 100 = \frac{3300}{7} = 471 + \frac{3}{7}; \quad \text{on néglige } \frac{3}{7}.$$

4.7 1	21
7.1	41
3 0	

$$\sqrt{\frac{33}{7}} = 2,1 \text{ à } \frac{1}{10} \text{ près.}$$

RACINES CUBIQUES.

136. — Cube et racine cubique d'un nombre.

Le cube d'un nombre est le produit de trois facteurs égaux à ce nombre.

Le cube de 2 est 8, le cube de $\frac{3}{5}$ est $\frac{27}{125}$, celui de 0,4 est 0,064. Si un nombre est un cube exact, sa racine cubique est le nombre qui, élevé au cube, reproduirait le premier: 2 est la racine cubique de 8. Si un nombre n'est pas un cube exact, calculer sa racine cubique à moins d'une unité, d'un dixième, d'un centième, etc., revient à chercher deux nombres qui diffèrent d'une unité, d'un dixième ou d'un centième et dont les cubes comprennent entre eux le nombre donné.

137. — Signe de l'opération.

On indique l'extraction de la racine cubique d'un nombre en plaçant ce nombre sous un radical entre les branches duquel on place le chiffre 3:

$$\sqrt[3]{8} = 2; \quad \sqrt[3]{0,064} = 0,04.$$

138. — Cube de la somme de deux nombres.

Le cube de la somme de deux nombres se compose de quatre parties, savoir: le cube de chacun des deux nombres et trois fois le produit de chacun de ces deux nombres par le carré de l'autre: $(5 + 3)^3 = 5^3 + 3 \times 5^2 \times 3 + 3 \times 3^2 \times 5 + 5^3$.

On le démontre en multipliant par 5 + 3 le carré de 5 + 3 qui est (nº 130) égal à $5^2 + 2 \times 5 \times 3 + 3^2$

CONSÉQUENCE PREMIÈRE. — Le cube d'un nombre plus grand que 10 se compose de quatre parties: 1º le cube des dizaines, 2º trois fois le carré des dizaines multiplié par les unités, 3º trois fois le carré des unités multiplié par les dizaines, 4º le cube des unités.

CONSÉQUENCE DEUXIÈME. — La différence entre les cubes de

deux nombres consécutifs est égale à trois fois le carré du plus petit nombre, plus trois fois ce plus petit nombre, plus un :

$$(a+1)^3 = a^3 + 3\,a^2 + 3\,a + 1.$$

139. — Cube et Racine cubique d'un produit.

Le cube d'un produit peut s'obtenir en élevant au cube chacun de ses facteurs ; par suite, si tous les facteurs sont des cubes exacts, on obtiendra la racine cubique de ce produit, en faisant le produit des racines cubiques de chacun de ses facteurs.

140. — Cube et Racine cubique d'une fraction.

On élève une fraction au cube en élevant au cube chacun de ses deux termes : il en résulte que si les deux termes sont des cubes exacts, on obtiendra la racine cubique d'une fraction en extrayant les racines cubiques de ses deux termes.

141. — Extraction de la Racine cubique d'un nombre entier, à une unité près.

Nous nous sommes contenté d'énoncer les théorèmes précédents, parce que leur démonstration est analogue à celle des théorèmes correspondants établis pour l'extraction de la racine carrée ; il en sera de même pour la théorie de la racine cubique, et nous nous bornerons à donner la règle générale.

1er Cas. — Le nombre est plus petit que 1000. On obtient sa racine cubique au moyen de la table suivante, qui donne les cubes des dix premiers nombres :

1	2	3	4	5	6	7	8	9	10
1	8	27	64	125	216	343	512	729	1000.

Exemple. — $\sqrt[3]{638} = 8$; car 638 tombe entre 512 et 729 ; les nombres 8 et 9 expriment donc, à une unité près, sa racine cubique ; le premier par défaut et le second par excès.

2me Cas. — Le nombre est plus grand que 1000.

Règle générale. — On partage le nombre en tranches de trois chiffres à partir de la droite et on extrait, à une unité près, par défaut, la racine cubique de la dernière tranche à gauche ; on obtient ainsi le premier chiffre à gauche de la racine ; à la droite du reste, on abaisse la tranche suivante ; on sépare les deux derniers chiffres à droite du nombre ainsi obtenu et on divise ce qui reste à gauche par trois fois le carré du chiffre obtenu à la racine ; le quotient de cette division est le second chiffre de la racine ou un chiffre trop fort ; on le vérifie en faisant le cube du nombre formé par ces deux premiers chiffres de la racine, et soustrayant ce cube du nombre formé par les deux premières tranches à gauche, si la soustraction est possible le chiffre mis à la racine est bon, sinon on essaie de la même manière le chiffre inférieur d'une unité et ainsi de suite, jusqu'à ce qu'on arrive à une soustraction possible ; à la droite du reste on abaisse la tranche suivante et on continue de la même manière en prenant toujours pour diviseur trois fois le carré de la partie obtenue à la racine.

Exemple. — Calculer $\sqrt[3]{83827645}$.

	83.827.645	43.7
Cube de 4. =	64.	
1er dividende. =	19 8.27	4 8
Cube de 43. =	79 507	
2me dividende. =	4 3206.45	5 5 47
Cube de 437. =	83453 4 53	
Reste de l'opération. =	374 1 92	

On trouve ainsi que la racine cubique de 83827645 est 437 par défaut, à une unité près.

142. — Limite des restes.

Chacun des restes obtenus dans l'extraction de la racine cubique est au plus égal à trois fois le carré de la partie obtenue à la racine, plus le triple de cette partie.

143. Extraction de la racine cubique d'un nombre entier, fractionnaire ou décimal à moins d'une unité d'un ordre décimal donné.

Règle générale. — Pour extraire la racine cubique d'un nombre quelconque à moins de $\frac{1}{10}$, $\frac{1}{100}$, $\frac{1}{1000}$, etc., on multiplie ce nombre par le cube de 10, de 100 ou de 1000 ; on extrait, à une unité près, la racine de la partie entière du produit obtenu et on divise cette racine par 10, 100 ou 1000.

Remarque. — La théorie de la racine cubique a été calquée sur celle de la racine carrée, et on pourrait établir d'une manière tout-à-fait analogue des théories pour l'extraction des racines quatrièmes, cinquièmes, etc.; mais les calculs devenant de plus en plus compliqués, on extrait ordinairement ces racines et même les racines cubiques à l'aide des tables de Logarithmes.

EXERCICES SUR LE 5me CHAPITRE.

1o Si en extrayant, à une unité près, la racine carrée d'un nombre entier, le reste ne surpasse pas la racine trouvée, celle-ci est approchée, à une demi-unité près, par défaut ; si le reste surpasse la racine trouvée, celle-ci, augmentée d'une unité, exprimera, à une demi-unité près, par excès, la racine du nombre proposé.

2o Extraire la racine carrée ou cubique d'un nombre quelconque à moins d'une fraction de la forme $\frac{1}{p}$, d'une fraction de la forme $\frac{a}{b}$.

3o Montrer que pour extraire la racine sixième d'un nombre, il suffit d'extraire la racine cubique de sa racine carrée. — Extension aux racines quatrièmes, huitièmes, douzièmes, etc.

4o Si un nombre n'est pas un carré parfait, la racine ne peut être exprimée par une fraction décimale périodique ; il en est de même pour sa racine cubique, s'il n'est pas un cube parfait.

5o Si un nombre est un carré parfait, le nombre de ses diviseurs est impair.

6o Un carré est un multiple de 4 ou le devient, quand on le diminue d'une unité.

7o Un carré est un multiple de 3 ou le devient, quand on le diminue d'une unité.

8o Si deux nombres sont impairs, la différence de leurs carrés est un multiple de 8.

9o La différence entre les carrés de deux nombres entiers consécutifs est 127 ; quels sont ces deux nombres ?

10o Si la somme de deux fractions est égale à 1, leur différence est égale à la différence de leurs carrés.

11o Trouver le plus petit nombre divisible à la fois par 3 et par 4 et dont la racine carrée soit un multiple de 7.

12o Si un carré est égal à la somme de deux carrés, l'un des trois carrés est divisible par 5.

13o Si un nombre pair est la somme de deux carrés, sa moitié est aussi la somme de deux carrés.

14o La différence entre les cubes de deux nombres consécutifs est toujours un multiple de 6, augmenté d'une unité.

15o La différence entre les cubes de deux nombres entiers consécutifs est 469 ; quels sont ces deux nombres ?

16o La différence entre un nombre entier et son cube est toujours divisible par 6.

17° Un nombre entier ne peut être un cube, si le chiffre des unités étant 2 ou 6, le chiffre des dizaines est pair.

18° Un nombre entier ne peut être un cube, si le chiffre des unités étant 4 ou 8, le chiffre des dizaines est impair.

19° Lorsqu'on a trouvé plus de la moitié a des chiffres de la racine carrée d'un nombre entier N, on peut trouver les autres chiffres en divisant $N - a^2$ par $2a$.

20° Un nombre entier ne peut être un cube, si le chiffre des unités étant 5, le chiffre des dizaines n'est ni 2 ni 7.

CHAPITRE VI

OPÉRATIONS ABRÉGÉES. — ERREURS RELATIVES.

Note. — En étudiant ce chapitre, les commençants feront bien de se borner aux règles pratiques et de laisser la partie théorique pour une seconde année d'étude.

144. Multiplication abrégée.

Le but de cette opération est de trouver, par une méthode abrégée, le produit de deux nombres entiers ou décimaux avec une approximation décimale donnée.

1er Cas. — Le multiplicateur n'a qu'un seul chiffre.

Supposons que l'on veuille calculer à 0,001 près le produit de 3,1415926 par 7 ; il suffira évidemment de conserver seulement quatre chiffres décimaux au multiplicande et de multiplier 3,1415 par 7. En effet, la partie négligée au multiplicande ne vaut pas un dix-millième, et en multipliant par 7, ce nombre ainsi en erreur, l'erreur commise sur le produit sera plus petite que 0,0007 et, à plus forte raison, plus petite que 0,001.

Par le même raisonnement, on reconnaîtrait que si l'on voulait avoir le produit de ce même nombre 3,1415926 par 70 ou 700 ou 7000, il faudrait conserver au multiplicande 5 ou 6 ou 7 chiffres décimaux, et que la limite de l'erreur serait encore 0,0007 dans chacun de ces cas.

Par le même raisonnement encore, on reconnaîtra que si l'on veut à 0,001 près le produit de 3,1415926 par 0,7 ou 0,07 ou 0,007, etc., il faudra conserver au multiplicande 3 ou 2 ou 1 des chiffres décimaux, et que la limite de l'erreur est encore 0,0007 dans chacun de ces cas.

En résumé, suivant que le multiplicateur exprime des centaines, dizaines, unités, dixièmes, centièmes, etc., le nombre des décimales à conserver au multiplicande est 6, 5, 4, 3 ou 2 et va en diminuant d'une unité, à mesure que l'ordre des unités exprimées par le multiplicateur s'abaisse. On reconnaîtra facilement aussi que tous ces produits expriment tous des unités du même ordre et de l'ordre des dix millièmes dans l'exemple que nous avons considéré.

2me Cas. — Le multiplicateur est un nombre quelconque. Supposons que l'on demande à 0,001 près le produit de 3,1415926 par 54,38256.—Si on voulait appliquer la règle précédente et calculer à 0,001 près chacun des produits partiels par les différents chiffres du multiplicateur, on trouverait pour les limites des erreurs :

Dans le produit	par 50	0,0005
—	par 4	0,0004
—	par 0,3	0,0003
—	par 0,08	0,0008
—	par 0,002	0,0002
—	par 0,0005	0,0005
—	par 0,00006	0,0006
Et dans le produit total,		0,0033.

En opérant ainsi, l'erreur sur le produit total serait moindre que 0,0033 ; on ne pourrait donc affirmer qu'elle est moindre que 0,001 et c'est ce qui arriverait toutes les fois que la somme des chiffres du multiplicateur serait plus grande que 10, c'est-à-dire dans la plupart des cas. Il ne suffit donc pas de calculer à 0,001 près chacun des produits partiels, mais il suffira le plus souvent de les calculer chacun à 0,0001 près ; car alors la limite de l'erreur commise sur le produit total, au lieu d'être 0,0033, sera 0,00033, et on pourra affirmer que cette erreur est moindre que 0,001.

Or, pour calculer à 0,0001 près le produit par les unités, il faudra prendre au multiplicande cinq chiffres décimaux ; il en faudra un de plus pour le produit par les dizaines ; il en faudra un, deux, trois de moins pour les produits par les dixièmes, les centièmes, les millièmes du multiplicateur, et si on remarque que tous ces produits partiels sont du même ordre et de l'ordre des cent millièmes, on est conduit à disposer l'opération de la manière suivante : On place le chiffre des unités du multiplicateur sous le chiffre des cent millièmes du multiplicande et, à partir de là, on écrit tous les autres chiffres du multiplicateur en ordre inverse : les dizaines à droite du chiffre des unités ; les dixièmes, centièmes, etc., à gauche. Par cette disposition, la place de chacun des chiffres indiquera la partie du multiplicande qui doit être multipliée par ce chiffre. On placera tous les produits partiels les uns sous les autres, de manière que leurs premiers chiffres à droite soient sur la même ligne, et après avoir fait l'addition, on séparera cinq décimales au produit, puisque les produits partiels ainsi que le produit total sont de l'ordre des cent millièmes :

```
  3,1415 926
  6 5283,45
-----------
15 7079 60
 1 2566 36
    942 45
   251.28
      6 28
      1 55
        18
-----------
170,847 70
```

Le produit ainsi obtenu est approché par défaut et nous avons vu que la limite de l'erreur était 0,00033 ; ordinairement, on supprime les deux derniers chiffres (70) du produit qui sont inexacts ; mais comme ils expriment des cent millièmes, la limite de l'erreur devient 70 + 33 cent millièmes, et elle peut souvent, comme dans le cas actuel, dépasser 0,001 ; mais elle sera toujours moindre que 0,002, puisque chacune des deux parties qui la composent est moindre que 0,001. On peut donc affirmer que le produit exact est compris entre 170,847 et 170,849 ; alors, pour être sûr d'avoir toujours le produit à 0,001 près, on force d'une unité le dernier chiffre conservé.

On obtient ainsi pour le produit demandé 170,848. Seulement, on ne sait pas toujours si ce produit est approché par excès ou par défaut. On peut donc poser la règle suivante :

145. — Règle générale.

Pour obtenir le produit de deux nombres avec une approximation décimale donnée, on écrit le chiffre des unités du multiplicateur sous le chiffre du multiplicande qui exprime des unités cent fois plus petites que l'approximation demandée. On dispose les autres chiffres du multiplicateur en ordre inverse et on fait le produit du multiplicande successivement par chacun de ces chiffres, en commençant chacune de ces multiplications partielles par le chiffre du multiplicande qui est placé au-dessus de celui par lequel on multiplie.

On place tous les produits partiels les uns sous les autres, de manière que leurs premiers chiffres à droite se trouvent sur une même ligne verticale ; après en avoir fait la somme, on supprime les deux derniers chiffres à droite de cette somme, on force d'une unité le dernier chiffre conservé et, enfin, on sépare, par une virgule sur la droite du nombre ainsi obtenu, n, chiffres décimaux, si l'approximation demandée est $\frac{1}{10^n}$.

146. — Évaluation de la limite de l'erreur.

Comme on l'a vu dans l'exemple précédent, la limite de l'erreur commise sur le produit est un nombre d'unités cent fois plus petites que l'approximation demandée, nombre égal à la somme des chiffres du multiplicateur. Il est nécessaire, pour compléter cette règle, d'examiner les cas où, le calcul étant disposé comme l'indique la règle, certains chiffres du multiplicateur n'ont pas de correspondant au multiplicande, soit à droite, soit à gauche.

1er Cas. — On demande de calculer à 0,1 près le produit de 537,8462 par 4637,842. En disposant l'opération d'après la règle, on voit que les deux derniers chiffres à droite du multiplicateur n'ont pas de correspondant au multiplicande ; on écrit alors deux zéros à la droite de ce dernier, ce qui n'en change pas la valeur, et en effectuant le calcul on trouve :

```
   537,84 6200
     2 48,7364
  ------------
  2151 38 4800
   322 70 7720
    16 13 5386
     3 76 4922
       43 0272
        2 1512
        1  074
  ------------
  24944 4 5,686
```

Si on veut calculer la limite de l'erreur commise sur le

produit trouvé, on remarquera qu'il n'y a point d'erreur commise dans les produits partiels par les trois premiers chiffres 4, 6 et 3 du multiplicateur et, par suite, que cette limite est 7 + 8 + 4 + 2 ou 21 millièmes.

En supprimant les deux derniers chiffres, l'erreur sur le nombre 2494445,6 peut aller jusqu'à 86 + 21 ou 107 millièmes et en forçant le dernier chiffre d'une unité, le nombre 2494445,7 exprime le produit à 0,1 près par excès ou par défaut. — En général on ne doit pas comprendre, dans l'évaluation de la limite de l'erreur, les chiffres du multiplicateur qui n'ont pas de chiffres significatifs à leur droite, dans le multiplicande.

2me Cas. — Calculer, à 0,1 près, le produit de 37,846257 par 2,5493824. En disposant le calcul comme l'indique la règle, on voit que certains chiffres sur la gauche du multiplicateur n'ont pas de correspondants au multiplicande; on opérera comme si ces chiffres n'existaient pas, et on trouve ainsi :

```
  37,84 6257
42839 45,2
-----------
  75 69 2
  18 92 0
   1 51 2
     33 3
        9
-----------
  96,46 6
```

Dans l'évaluation de la limite de l'erreur, on fera la somme des chiffres employés au multiplicateur, on y ajoutera le premier chiffre à gauche du multiplicande, plus un, et on aura le nombre de millièmes qui représente la limite de l'erreur; on aura ainsi: 2 + 5 + 4 + 9 + 3 + (3 + 1) = 27 millièmes.

Cette addition de 3 + 1 s'explique ainsi : tout le multiplicande ne vaut pas 4 dizaines ; toute la partie négligée au multiplicateur ne vaut pas 0,0001; donc, l'erreur commise en ne multipliant pas le multiplicande par cette partie négligée ne vaut pas 0,0001 × 40 ou 0,004; ces 0,004 ajoutés aux 0,023 d'erreurs commises sur les divers produits partiels, donnent les 0,027 que nous avons annoncés.

Règle. — La limite de l'erreur est un nombre d'unités cent fois plus petites que l'approximation demandée, nombre égal à la somme de ceux des chiffres employés du multiplicateur qui ont des chiffres significatifs à leur droite au multiplicande; cette somme doit être augmentée du 1er chiffre à gauche du multiplicande, plus un, dans le cas où quelques-uns des chiffres à gauche du multiplicateur n'auraient pas de correspondants au multiplicande.

REMARQUE. — La règle générale donnée au nº 145, est applicable toutes les fois que la somme des chiffres qui exprime la limite de l'erreur est plus petite que 100 ; il serait facile de modifier la règle dans le cas peu ordinaire où cette somme serait supérieure à 100. On pourrait également modifier la règle et simplifier les calculs dans le cas où cette somme serait plus petite que 10.

147. — Preuve de l'opération.

Elle se fait comme celle de la multiplication ordinaire, en intervertissant l'ordre des facteurs ; on doit, si l'on a bien opéré, retrouver le même produit.

148. — Produit de plusieurs facteurs.

Supposons qu'on demande à 0,001 près le produit de 3 facteurs a, b, c; si on connaissait le produit exact de a par b, pour multiplier ce produit par c et avoir le produit final à 0,001 près, il faudrait placer le chiffre des unités de c sous les cent millièmes du produit $a \times b$; le chiffre des dizaines de c se trouverait ainsi sous les millionièmes et ainsi de suite ; de sorte que s'il se trouvait trois chiffres, par exemple, à la partie entière de c, les chiffres employés au produit $a \times b$ s'arrêteraient aux dix millionièmes et les décimales suivantes deviendraient inutiles ; il résulte de là, qu'en calculant à un dix millionième près le produit $a \times b$, on aura tous les chiffres nécessaires pour calculer le produit $a \times b \times c$ à 0,001 près.

Un raisonnement analogue indiquerait, dans le cas d'un produit de plus de trois facteurs, avec quelle approximation doivent être calculés les produits intermédiaires.

DIVISION ABRÉGÉE.

149. — But de l'opération.

La division abrégée est une opération qui a pour but de trouver le quotient de deux nombres entiers ou décimaux avec une approximation décimale donnée.

150. — La recherche d'un quotient avec une approximation décimale donnée, se ramène à la recherche d'un quotient à une unité près.

Cette proposition a déjà été établie au nº 103 et nous en

rappelons la démonstration. Soit D le dividende, d le diviseur, le quotient sera $\frac{D}{d}$: trouver, à 0,001 près, par exemple, la valeur de ce quotient revient à déterminer deux nombres $\frac{q}{1000}$ et $\frac{q+1}{1000}$ qui diffèrent d'un millième et qui comprennent entre eux le quotient $\frac{D}{d}$; on doit avoir :

$$\frac{q}{1000} < \frac{D}{d} < \frac{q+1}{1000} \text{ d'où on tire :}$$

$$q < \frac{D \times 1000}{d} < q + 1.$$

L'opération revient donc à trouver deux nombres entiers consécutifs q et $q + 1$ qui comprennent entre eux $\frac{D \times 1000}{d}$, c'est-à-dire à chercher, à une unité près, la valeur de ce quotient; de là, la règle suivante :

Règle. — Pour trouver un quotient à moins de $\frac{1}{10^n}$, on multiplie le dividende par 10^n, on cherche le quotient du produit par le diviseur, à une unité près, puis on divise ce quotient par 10^n.

151. — Nombre des chiffres du quotient.

Étant donnés deux nombres entiers ou décimaux, il est toujours facile de déterminer *a priori* le nombre des chiffres de leur quotient à une unité près; il suffit pour cela de multiplier successivement le diviseur par 10, 100, 1000, etc., jusqu'à ce qu'on arrive à deux puissances consécutives de 10, 10^n et 10^{n+1}, tels que leurs produits par le diviseur soient l'un plus petit et l'autre plus grand que le dividende; on en conclue que le quotient doit être compris entre 10^n et 10^{n+1}, et par suite, qu'il a $n + 1$ chiffres.

Si, par exemple, on veut diviser 5382,763756 par 9,82734, on voit qu'en multipliant le diviseur par 100, puis par 1000, on obtient deux produits, l'un plus petit et l'autre plus grand que le dividende; le quotient est donc compris entre 100 et 1000, et par suite, il aura trois chiffres à sa partie entière.

152. — Si on prend les m, premiers chiffres, à gauche d'un nombre pour en former une valeur approchée, l'erreur commise est plus petite qu'une fraction de la valeur exacte marquée par $\frac{1}{10^{m-1}}$.

Soit A la valeur exacte d'un nombre, A' une valeur approchée formée des m premiers chiffres à gauche, démontrons que l'on a :

$$A - A' < \frac{A}{10^{m-1}}.$$

En effet, appelons u l'unité de l'ordre du $m^{ème}$ chiffre ; A renfermant m chiffres dont le dernier est du même ordre que u, et 10^{m-1} étant le plus petit nombre de m chiffres, on a :

$$A > 10^{m-1} u, \text{ et d'un autre côté, on a : } A - A' < u.$$

Si donc on compare les deux fractions

$$\frac{A - A'}{A} \text{ et } \frac{u}{10^{m-1} u} = \frac{1}{10^{m-1}},$$

on pourra affirmer que la première fraction est plus petite que la seconde, par cette double raison que son numérateur est plus petit et son dénominateur plus grand ; on aura donc :

$$\frac{A - A'}{A} < \frac{1}{10^{m-1}}, \text{ d'où on tire : } A - A' < \frac{A}{10^{m-1}},$$

ce qu'il fallait démontrer.

Par exemple, l'erreur commise en prenant 3,1415 pour la valeur approchée de 3,1415926 est plus petite que $\frac{1}{10,000}$ de la valeur exacte.

Conséquence. — Si on veut que l'erreur commise sur un nombre soit plus petite que la millième partie de ce nombre, par exemple, il suffira de prendre quatre chiffres sur la gauche de ce nombre et de négliger les autres.

153. — Théorie de la division abrégée.

1re Méthode. — Supposons qu'on demande, à une unité près,

le quotient de 5382,763756 par 9,82734, on reconnaîtra facilement (nº 151) que le quotient doit avoir trois chiffres et sera plus petit que 1000.

On pourrait trouver ce quotient en retranchant successivement du dividende, le diviseur autant de fois qu'il serait possible ; le nombre de ces soustractions serait le nombre des unités contenues dans le quotient; mais comme il n'y aurait pas ainsi mille soustractions à faire, on pourrait négliger au diviseur une quantité moindre que la millième partie de ce diviseur et retrancher seulement la partie 9,827 (nº 152). En effet, en opérant ainsi, les restes des soustractions successives seront tous trop grands et les erreurs commises sur ces restes iront en croissant jusqu'à celui de la dernière soustraction; mais l'erreur commise sur ce dernier reste sera cependant moindre que mille fois la millième partie du diviseur ou moindre qu'une fois le diviseur. Cette erreur, jointe au reste de la division, qui est aussi plus petit que le diviseur, pourrait dans certains cas, former un nombre plus grand que le diviseur, mais certainement inférieur à deux fois le diviseur; on pourrait donc ainsi avoir une soustraction, mais une seule de plus à faire et le quotient pourrait être augmenté d'une unité, mais non de deux unités; en d'autres termes, on aurait ainsi le quotient à une unité près, par excès, au lieu de l'avoir par défaut.

Le diviseur étant ainsi réduit à 9,827, en opérant par soustractions successives, il faudrait le retrancher des unités du même ordre dans le dividende, c'est-à-dire restreindre également le dividende aux millièmes. Ce dividende devient ainsi: 5382,763 ; mais d'après la théorie de la division ordinaire, au lieu d'opérer par soustractions successives, on obtiendra le même quotient en divisant par la méthode ordinaire 5382,763 par 9,827, ou, puisque le nombre des décimales est le même de part et d'autre, en divisant 5382763 par 9827, le quotient par défaut de ces deux nombres sera le quotient par défaut ou par excès des nombres proposés ; de là cette règle :

Règle. — Pour trouver un quotient, à une unité près, on détermine le nombre des chiffres de ce quotient, on sépare sur la gauche du diviseur un nombre de chiffres supérieur d'une unité, au nombre des chiffres du quotient, on restreint le dividende aux unités du même ordre que les dernières du diviseur restreint; on divise par la méthode ordinaire le dividende restreint par le diviseur restreint, le quotient par défaut de cette division sera le quotient cherché par excès ou par défaut.

Exemple. — Calculer le quotient, à une unité près, de 5382,763756 par 9,82734. En appliquant la règle, on aura :

53827.63 | 756	9,827 | 34
4692 6	547
761 83	
73 94	

Le quotient demandé est 547, à une unité près.

2me Méthode. — La méthode précédente peut se simplifier en remarquant que les divisions partielles par lesquelles on a obtenu les différents chiffres du quotient sont indépendantes les unes des autres.

Le premier reste 469,263 est celui qu'on aurait obtenu après 500 soustractions et se trouve augmenté d'une quantité moindre que 500 fois la millième partie du diviseur ou les cinq dixièmes du diviseur.

Il reste à chercher combien de fois le diviseur est encore contenu dans ce premier reste ; c'est une division indépendante de la première et dont le quotient n'aura plus que deux chiffres. En appliquant la règle de la première méthode à cette nouvelle division, il suffirait de prendre trois chiffres sur la gauche du diviseur qui deviendrait ainsi 9,82 et de restreindre le dividende au chiffre des centièmes; ce dividende deviendrait alors 469,26 ; en divisant par la règle ordinaire 469,26 par 9,82, on aurait pour quotient 4 et un reste affecté d'une erreur par excès dont la limite se composerait premièrement des cinq dixièmes du diviseur, et en outre, de 40 fois la centième partie ou des quatre dixièmes du diviseur, en tout, les neuf dixièmes de ce diviseur.

En continuant ainsi, on réduirait pour la 3me division le diviseur à 2 chiffres et on restreindrait le dividende partiel correspondant au chiffre des dixièmes.

Mais dans cette manière d'opérer, l'erreur commise sur le dernier reste aurait pour limite autant de fois la dixième partie du diviseur qu'il y a d'unités dans la somme des chiffres du quotient, de sorte que si cette somme dépassait 10, ce qui est le cas le plus général, on ne serait plus certain d'obtenir le quotient à une unité près.

Pour lever cette difficulté, il suffira de négliger au diviseur non plus une quantité moindre que la millième partie de ce diviseur, mais moindre que sa dix millième partie ; en d'autres termes, on prendra sur la gauche du diviseur non pas un chiffre de plus, mais deux chiffres de plus qu'au quotient; puis on divisera le dividende et les restes successifs par le diviseur en supprimant à chaque nouvelle division un chiffre sur la droite du diviseur et restreignant le dividende partiel correspondant au chiffre du même ordre que le dernier chiffre à droite du diviseur.

En opérant ainsi, les restes successifs seront trop grands et la limite de l'erreur commise sur chacun d'eux sera égale à autant de fois la centième partie du diviseur qu'il y a d'unités dans la somme des chiffres obtenus au quotient ; si donc la somme des chiffres du quotient est plus petite que 100, on sera certain d'avoir le quotient à une unité près.

Règle générale. — Pour trouver, à une unité, près le quotient de deux nombres entiers ou décimaux, on détermine d'abord le nombre de chiffres que doit avoir ce quotient; on sépare sur la gauche du diviseur ce nombre de chiffres, plus deux, et sur la gauche du dividende une partie qui puisse contenir au moins une fois, mais moins de dix fois ce diviseur; on divise, sans avoir égard aux virgules et par la règle ordinaire, le dividende restreint par le diviseur restreint, avec cette seule différence, qu'au lieu de descendre à la droite de chaque reste le chiffre suivant du dividende, on supprime seulement le dernier chiffre à droite du diviseur employé dans la division précédente ; l'opération est terminée quand on a trouvé tous les chiffres du quotient.

Exemple. — Calculer, à une unité près, le quotient de 5382,763756 par 9,82734; ayant reconnu que le quotient doit avoir trois chiffres, on prend cinq au diviseur et six au dividende, et on dispose l'opération de la manière suivante :

	538276	98273
1er Reste.	46911	547
2me Reste.	7603	
3me Reste.	729	

On trouve ainsi que le quotient cherché est 547.

154. — Preuve de l'opération.

Remarquons que les divers produits qu'on a retranchés du dividende sont ceux qu'on aurait obtenus en multipliant, par la méthode abrégée, le diviseur par le quotient, l'opération étant disposée ainsi :

9,82734
745.

En effectuant ces produits qui expriment tous des centièmes et les retranchant successivement de 5382,76, on obtiendrait les différents restes ; de sorte que l'on peut obtenir une preuve de l'opération en faisant le produit précédent, par la méthode abrégée, y ajoutant le reste de la division 7,29, on devra retrouver le dividende restreint.

```
 9,82 734
    7 45
---------
49 13 65
 3 93 08
   68 74
    7 29
---------
53 82,76
```

Remarque. — Cette vérification permet d'apprécier d'une autre manière les erreurs commises sur les restes successifs; en effet, l'erreur sur le premier produit partiel a pour limite 0,05; sur le second 0,04, et sur le troisième 0,07. Ces erreurs sont aussi celles des restes successifs de la division, de sorte que l'erreur sur le premier reste a pour limite 0,05; sur le second 0,05 + 0,04 et sur le troisième 0,05 + 0,04 + 0,07, c'est-à-dire un nombre de centièmes égal à la somme des chiffres du quotient; et comme le diviseur est plus grand que 982 centièmes, on conclue de là que la règle de la division abrégée est applicable non-seulement quand la somme des chiffres du quotient est plus petite que 100, mais encore quand cette somme est moindre que le nombre formé par les trois premiers à gauche du diviseur; il serait d'ailleurs facile de modifier la règle dans le cas peu ordinaire où cette condition ne serait pas remplie.

ERREURS RELATIVES.

155. — Définition.

L'erreur absolue d'un nombre est la différence entre sa valeur exacte et sa valeur approchée. Si A est la valeur exacte et A' une valeur approchée de A, l'erreur absolue est A — A' ou A' — A, suivant que A' est approchée par défaut ou par excès.

L'erreur relative d'un nombre est le quotient de l'erreur absolue par la valeur exacte du nombre. Ainsi, dans l'exemple précédent l'erreur relative est $\frac{A - A'}{A}$ ou $\frac{A' - A}{A}$.

156. — Connaissant l'erreur relative d'un nombre, trouver l'erreur absolue, et réciproquement.

Si on sait, par exemple, que l'erreur relative $\frac{A-A'}{A} = \frac{1}{1000}$, on en déduit $A - A' = \frac{A}{1000}$, c'est-à-dire que l'erreur absolue est égale à la millième partie de la valeur exacte du nombre; on pourrait déduire également la première égalité de la seconde; on doit donc considérer, comme équivalentes, ces deux manières de l'exprimer, savoir: l'erreur relative d'un nombre est égale à $\frac{1}{10^n}$, ou l'erreur absolue de ce nombre est égale à $\frac{1}{10^n}$ de sa valeur exacte.

157. — Si on prend sur la gauche d'un nombre les m, premiers chiffres, pour en former une valeur approchée, l'erreur relative est plus petite que $\frac{1}{10^{m-1}}$.

Cette proposition est la même que celle que nous avons établie au nº 152. — En effet, on a démontré dans ce numéro que A' étant une valeur approchée de A formée de ses m premiers chiffres à gauche, on avait:

$$A - A' < \frac{A}{10^{m-1}}$$ et on en déduit immédiatement:

$$\frac{A - A'}{A} < \frac{1}{10^{m-1}},$$ ce qu'il fallait démontrer.

Remarque. — Si a est le premier chiffre à gauche de A, on peut démontrer que l'erreur relative est plus petite que $\frac{1}{a \times 10^{m-1}}$. En effet, en appelant u, l'unité du même ordre que le dernier chiffre à droite de A', on a:

$$A > a \times 10^{m-1} \times u,$$

$$A - A' < u$$ et par cette double raison, on a:

$$\frac{A - A'}{A} < \frac{u}{a \times 10^{m-1} \times u} < \frac{1}{a \times 10^{m-1}}.$$

Par exemple, 2,718 étant une valeur approchée de 2,71828, l'erreur relative est plus petite que $\frac{1}{2 \times 1000}$.

158. — Si l'erreur relative d'un nombre est moindre que $\frac{1}{10^m}$, l'erreur absolue est moindre qu'une unité de l'ordre du m^eme chiffre.

En conservant les notations précédentes, si on a : $\frac{A-A'}{A} < \frac{1}{10}$, on en déduit $A-A' < \frac{A}{10^m}$. Si nous appelons u l'unité de l'ordre du $m^{ème}$, chiffre à gauche de A, on a $A < 10^m \times u$, et par suite, $A-A' < \frac{10^m}{10^m \times u} < u$, ce qu'il fallait démontrer.

Si donc l'erreur relative d'un nombre est plus petite que $\frac{1}{10^m}$, on ne peut compter que sur l'exactitude des m premiers chiffres sur sa gauche et non sur celle des $m+1$, premiers chiffres, ce qui aurait lieu si la réciproque du théorème précédent était vraie.

159. — L'erreur relative d'un produit peut être considérée comme au plus égale à la somme des erreurs relatives des facteurs.

Appelons A et B les valeurs exactes des deux facteurs d'un produit, A' et B' leurs valeurs approchées, a et b les erreurs absolues, de sorte que l'on a : $A' = A-a$, $B' = B-b$, a et b pouvant être positives ou négatives, suivant que A' et B' sont approchées par excès ou par défaut.

Les erreurs relatives des facteurs et du produit sont respectivement : $\frac{a}{A}$, $\frac{b}{B}$, $\frac{AB-A'B'}{AB}$ et l'on veut démontrer que la dernière est au plus égale à la somme des deux autres ; pour cela multiplions, membre à membre, les égalités suivantes :

$$A' = A - a$$
$$B' = B - b, \quad \text{on aura :}$$

$$A'B' = AB - aB - bA + ab \quad \text{d'où on tire :}$$

$$AB - A'B' = aB + bA - ab \text{ et en divisant par A B,}$$

$$\frac{AB - A'B'}{AB} = \frac{a}{A} + \frac{b}{B} - \frac{ab}{AB}.$$

Le dernier terme $\frac{ab}{AB}$ étant toujours très-petit par rapport aux deux premiers, nous regarderons comme évident qu'on peut le négliger sans erreur sensible, et que l'on peut poser :

$$\frac{AB - A'B'}{AB} = \frac{a}{A} + \frac{b}{B}.$$

Ce qui montre que l'erreur relative d'un produit est égale à la somme ou à la différence des erreurs relatives des deux facteurs, suivant que a et b sont de même signe ou de signe contraire; on peut donc dire que dans les circonstances les plus défavorables, l'erreur relative d'un produit est au plus égale à la somme des erreurs relatives des facteurs.

Cette proposition établie, pour le cas de deux facteurs, s'étend sans difficulté à un produit d'autant de facteurs qu'on voudra. On en déduit immédiatement les théorèmes suivants :

CONSÉQUENCES. — 1° L'erreur relative d'un quotient est au plus égale à la somme des erreurs relatives du dividende et du diviseur.

2° L'erreur relative de la $m^{ème}$ puissance d'un nombre est au plus égale à m fois l'erreur relative de ce nombre.

3° L'erreur relative de la racine $m^{ème}$ d'un nombre est au plus égale à la $m^{ème}$ partie de celle de ce nombre.

160. — Déterminer avec quelle approximation on peut avoir le résultat d'une opération, les nombres sur lesquels on opère n'étant qu'approchés.

Les nombres sur lesquels on opère sont le plus souvent des résultats de mesures directes, d'expériences de physique, d'observations astronomiques, etc.; ils ne sont connus qu'avec une approximation plus ou moins grande dépendant de la précision des instruments employés ; il est très-utile de pouvoir déterminer avec quelle approximation on peut avoir le résultat d'une opération, connaissant l'approximation des nombres sur lesquels on opère. Cette question peut être résolue au moyen des théorèmes que nous venons de démontrer. Un exemple suffira pour indiquer la marche à suivre :

Supposons que l'on veuille calculer une expression de la forme : $x = \dfrac{32{,}593 \times 7{,}824}{64{,}5324}$.

Les trois nombres qui composent cette expression étant approchés ; d'après le n° 159, l'erreur relative du résultat x est au plus égale à la somme des erreurs relatives de ces trois nombres. D'après le n° 157, ces erreurs relatives sont respectivement moindres que $\dfrac{1}{3 \times 10^4}$, $\dfrac{1}{7 \times 10^5}$, $\dfrac{1}{6 \times 10^5}$.

Leur somme est donc moindre que $\dfrac{1}{10^5}$. On peut donc affirmer que l'erreur relative du résultat est moindre que $\dfrac{1}{10^5}$ et, d'après le n° 158, on pourra compter sur l'exactitude des trois premiers chiffres de ce résultat.

D'un autre côté, il est facile de reconnaître que ce résultat ne doit avoir qu'un chiffre à sa partie entière puisqu'il est compris entre $\dfrac{32 \times 7}{65} = \dfrac{224}{65}$ et $\dfrac{33 \times 8}{64} = \dfrac{264}{64}$.

On concluera de là, que ce résultat peut être calculé à 0,01 près, et le calcul pourra se faire par les opérations abrégées.

En effet, le quotient devant avoir 3 chiffres, le diviseur doit en avoir 5 et le dividende 6 ; comme ce dividende doit avoir 3 chiffres à sa partie entière, on le calculera à 0,001 près, par la multiplication abrégée, et on aura ainsi le nombre de chiffres nécessaires pour calculer le quotient par la division abrégée.

161. — Calculer un résultat avec une erreur relative donnée.

Il est quelquefois utile de calculer un résultat à moins de $\dfrac{1}{10}$, $\dfrac{1}{100}$, $\dfrac{1}{1000}$ de la valeur de ce résultat, c'est-à-dire avec une erreur relative moindre que $\dfrac{1}{10}$, $\dfrac{1}{100}$ ou $\dfrac{1}{1000}$.

Il est facile de déterminer quelle doit être dans chaque cas l'erreur absolue de ce résultat.

Supposons qu'on veuille calculer :

$$x = \frac{3,1415926 \times 19,384554}{5,8463247}$$ avec une erreur relative moindre que 0,01. — On posera l'inégalité :

$$x > \frac{3 \times 19}{6} > \frac{57}{6} > 9.$$

Par suite, $\frac{x}{100} > 0,09$ et à plus forte raison :

$$\frac{x}{100} > 0,01.$$

Si donc on calcule l'expression donnée à 0,01 près, ce que l'on peut faire par les méthodes abrégées, on sera certain que l'erreur absolue sera moindre que $\frac{1}{100}$ de la valeur exacte ou que l'erreur relative est moindre que 0,01.

EXERCICES.

1° Démontrer que si l'on connaît les m premiers chiffres d'un carré, on pourra toujours calculer les $m-1$ premiers chiffres de sa racine. — Dire dans quel cas on pourra compter sur l'exactitude des m premiers chiffres de cette racine.

2° Calculer, à 1000 unités près, le produit de 37,5475 par 457398.

3° Calculer, à 100 unités près, le quotient de 2583745 par 0,35284398.

4° Sur combien de chiffres peut-on compter dans le produit de 43,573.... par 124,4792...., ces deux nombres étant exacts à moins d'une unité de l'ordre de leur dernier chiffre? — Effectuer le produit avec l'approximation trouvée.

5° On a trouvé pour la graduation d'un arc 18° 17' à une minute près, et pour son rayon 8m 473 à un millimètre près, calculer la longueur de cet arc avec toute l'approximation possible.

6° Calculer, à 0,01 près, l'expression

$$\left(1 + \sqrt{2}\right)\left(2 + \sqrt{6}\right)$$

7° Calculer, aussi approximativement que possible, le quotient de 4,756 par 3,472, sachant que le premier de ces nombres est approché à moins de 0,003 et le second à moins de 0,002 par excès ou par défaut.

8° Calculer à 0,0001 l'expression $(2 - \sqrt{2}.)^5$

9° Calculer aussi approximativement que possible $\overline{573{,}24}$.. le nombre 573,24 étant exact à moins d'une unité de l'ordre de son dernier chiffre.

10° Calculer à 0,001 près $\sqrt{\frac{2}{3 - \sqrt{2}.}}$

11° Calculer à 0,001 près $\frac{3\sqrt{3}}{\sqrt[3]{7}.}$

12° Quelle est la plus grande approximation avec laquelle on puisse calculer le carré et le cube du nombre 9,80896 exact à moins de 0,00001 ?

FIN.

La Rochelle, imprimerie Drouineau, rue Grosse-Horloge, 6.

Typ. Drouineau.

www.ingramcontent.com/pod-product-compliance
Ingram Content Group UK Ltd.
Pitfield, Milton Keynes, MK11 3LW, UK
UKHW021108260726
13994UKWH00002B/783

9 782019 976002